Daniel Schneider mit Klaus Jost

Jost läuft.

Aufstieg, Fall und weiter geht's –
auch Topmanager werden getragen

W0045876

DANIEL SCHNEIDER
mit Klaus Jost

JOST LÄUFT.

Aufstieg, Fall und weiter geht's –
auch Topmanager werden getragen

Hänssler

SCM

Stiftung Christliche Medien

SCM Hänssler ist ein Imprint der SCM Verlagsgruppe, die zur Stiftung Christliche Medien gehört, einer gemeinnützigen Stiftung, die sich für die Förderung und Verbreitung christlicher Bücher, Zeitschriften, Filme und Musik einsetzt.

© 2018 SCM Hänssler in der SCM Verlagsgruppe GmbH
Max-Eyth-Straße 41 · 71088 Holzgerlingen
Internet: www.scm-haenssler.de; E-Mail: info@scm-haenssler.de

Die Bibelverse sind, wenn nicht anders angegeben,
folgender Ausgabe entnommen:
Neues Leben. Die Bibel, © der deutschen Ausgabe 2002 und 2006 SCM R.Brockhaus in der SCM Verlagsgruppe GmbH Witten/Holzgerlingen.
Weiter wurde verwendet:
Lutherbibel, revidiert 2017, © 2016 Deutsche Bibelgesellschaft, Stuttgart.

Umschlaggestaltung: Patrick Horlacher, Stuttgart
Titel- und Autorenbild: Lea Brnowsky
Satz: typoscript GmbH, Walddorfhäslach
Druck und Bindung: GGP Media GmbH, Pößneck
Gedruckt in Deutschland
ISBN 978-3-7751-5799-5
Bestell-Nr. 395.799

INHALT

VORWORT

Liebe Leserinnen und Leser,

es lohnt sich, gemeinsam mit Klaus Jost unterwegs zu sein.

Ich weiß, wovon ich rede, denn ich war über 20 Jahre lang mit ihm »on tour«, und zwar auf den unterschiedlichsten Wegen:

Auf der Businessebene habe ich ihn als VIP-Kunde der Firma Völkl, deren CEO ich war, kennengelernt. Später habe ich als CEO von Intersport International mit ihm in seiner Funktion als Vorstand Intersport Deutschland zusammengearbeitet, und als Aufsichtsratsvorsitzender der Intersport International war er mein »Chef«.

Während dieser Zeit wuchs ein enges Vertrauensverhältnis zwischen uns, wir haben gemeinsam viele große Sportevents besucht und noch mehr frühmorgendliche Joggingrunden gedreht. Wir haben viele persönliche Gespräche geführt und einander schätzen gelernt.

Wir sind Freunde geworden.

Und in all diesen Jahren und in den unterschiedlichen Rollen ist Klaus beständig derselbe geblieben: ehrlich, verlässlich, konsequent, berechenbar.

Er ist ein Mann, bei dem ein Handschlag noch gilt. Er tritt immer respektvoll auf, verliert nie die Beherrschung, wird nie ausfällig, sondern geht ruhig und sachlich, aber bestimmt seinen Weg.

Aber er ist auch sehr detailversessen, teilweise stur und hat mich damit in Verhandlungen oft herausgefordert, denn er hat keine Ruhe gegeben, bis auch die letzte Stelle hinter dem Komma geprüft und für gut befunden wurde.

Sein Vertrauen und seinen Respekt muss man sich hart erarbeiten, gehört er doch eher zur vorsichtigen Sorte Mensch. Das habe ich am eigenen Leib erfahren, als er Vorstand der Intersport Deutschland wurde. Anfänglich war er der Intersport International und mir als CEO zurückhaltend eingestellt.

Als es mir gelungen ist, sein Vertrauen und seinen Respekt zu gewinnen, da wusste ich: Du hast einen verlässlichen Partner an deiner Seite. Und ich habe recht behalten.

Klaus, ich möchte dieses Vorwort nutzen, um dir Danke zu sagen. Danke, dass ich viel von dir lernen und mich immer hundertprozentig auf dich verlassen konnte, aber vor allem danke ich dir von Herzen für unsere Freundschaft.

Und Ihnen, liebe Leserinnen und Leser, wünsche ich viel Spaß und Inspiration auf dem gemeinsamen (Lese-)Weg mit Klaus Jost. Es wird sich lohnen.

Dein/Ihr Franz Julen

(Der Schweizer Franz Julen war 17 Jahre lang, bis Ende 2016, Chef der Intersport International. Er ist gelernter Hotelier, ehemaliger Sportjournalist und CEO des Ski- und Tennisherstellers Völkl. Aktuell ist er Präsident der Valora Holding AG und Beiratsmitglied der Unternehmensgruppe ALDI SÜD)

PROLOG

KLAUS JOST IST UNTER DIESER NUMMER NICHT MEHR ZU ERREICHEN

Degradierter Vorstand verlässt Intersport im Streit

Einer der mächtigsten Sportartikelmanager in Europa verlässt die Bühne. Intersport, weltweit größter Sportfachhändlerverbund, trennt sich mit sofortiger Wirkung von seinem langjährigen Vorstand Klaus Jost.[1]

Klaus Jost hat seine Gefühle unter Kontrolle. Das hat er geübt. In unzähligen Sitzungen und Meetings. Keine Schwäche zeigen. Das gilt in Verhandlungen um Millionenbeträge genauso wie beim firmeninternen Kräftemessen. Und auch jetzt, am 3. November 2014, alleine im Auto, versucht er kontrolliert zu bleiben, gewohnt logisch und analytisch zu agieren. Allerdings gelingt ihm das nicht, denn er spürt in diesem Moment, dass das, was gerade passiert ist, eine für ihn ungewohnte Hektik und Unruhe auslöst: Er wurde vor die Tür gesetzt. Als Präsident der Intersport International und Vorstand der Intersport Deutschland eG abserviert. Von einem Moment auf den anderen. So schnell kann es also gehen. Was soll er tun? Seine Frau anrufen? Wer von seinen Kollegen hält jetzt noch zu ihm?

Einige Zeit später geht die Nachricht durch die Presse. Besonders für die Wirtschaftsredaktionen der Republik ist das eine Sensation.

Was war es eigentlich genau, das zur Trennung geführt hat? Ein Streit, ein Machtkampf? Hat er verloren? Diese Fragen stellt sich Klaus Jost oft. Aber er lässt sich nicht über Einzelheiten oder Interna aus. Schon gar nicht im großen Rahmen. Er ist nicht der Typ, der schmutzige Wäsche wäscht. Und trotzdem, oder gerade deshalb, ist Klaus Josts Umgang mit diesem Lebensbruch eine relevante und spannende Geschichte mit Mehrwert.

Denn wenn man nicht auf Verleumdung, Nachtreten oder Schönreden setzt, sondern mit all den Fragen nach dem Warum, der Enttäuschung über die gesamte Situation, über vermeintliche Freunde und Schulterklopfer an diese existenzielle Entwicklung herangeht, eine gewisse Selbstkritik walten lässt und sich dann auch bewusst macht, wie tief der Fall vom Spitzenmanager zum Arbeitslosen ist, geht es thematisch plötzlich um mehr als nur um einen Job, den man verloren hat.

Ein Buch ohne Verleumdung, Schönreden und Nachtreten

Dann geht es um Führungs- und Nehmerqualitäten. Um Werte und Wertschätzung. Um Anstand, Fairness, wahres Selbstbewusstsein, den Umgang mit Niederlagen, um einsame und manchmal unpopuläre Entscheidungen, die man selbst trifft oder die für einen getroffen werden. Von wem und mit welcher Konsequenz auch immer.

Denn so funktioniert Leben nun einmal.

Glauben an und das Vertrauen in etwas, was noch größer ist, als wir Menschen uns das vorstellen können, prägen Klaus Josts Leben.

Und bei all dem ist es egal, ob Sie als werte Leserin oder werter Leser selbst an den großen Verhandlungstischen dieser Welt sitzen oder vermeintlich kleinere Brötchen backen: Denn für diesen Größeren sind wir alle Spitzenkräfte, als Schöpfer hat er uns geschaffen. Die Rede ist von dem dreieinigen Gott, der im Leben von Klaus Jost die wichtigste Rolle spielt.

Glaubensthemen sind Lebensthemen und Lebensthemen sind Glaubensthemen. Klaus Jost lässt seinen Glauben an Gott nicht im stillen Kämmerlein, sondern integriert ihn in sein ganzes Leben. Das hat ihm beruflich Respekt eingebracht, aber auch einige Unannehmlichkeiten beschert. Trotzdem gibt es für Klaus Jost keine Alternative.

Wir schauen in die Vergangenheit, Gegenwart und Zukunft des ehemaligen Präsidenten von Intersport International und langjährigen Vorstands von der Intersport Deutschland. Es geht auch um Menschen, die Klaus Josts Umfeld prägen. Familienmitglieder, Geschäftspartner und Freunde. Menschen, die mit ihm gearbeitet haben, mit ihm leben und ihn deshalb aus den unterschiedlichsten Blickwinkeln erleben.

Alles in allem eine beispielhafte und gleichzeitig beispiellose Geschichte, die aus familiären und beruflichen Tragödien und Triumphen besteht, die inspiriert und die mit Fertigstellung des Buches noch lange nicht zu Ende ist.

Doch zurück zum 3. November 2014. Zu diesem Zeitpunkt steht fest:

Klaus Jost ist unter seiner Bürodurchwahl mit der -210 am Ende ab sofort nicht mehr erreichbar. Am selben Tag wird auch sein E-Mail-Account gesperrt und seine Kontaktdaten sind für ihn ebenfalls von jetzt auf gleich tabu. Das Kapitel Intersport ist Geschichte. Es ist ein bisschen so, als ob der Name Jost bei Intersport gelöscht werden soll.

Das ist allerdings schwierig. Denn Klaus Jost hat international und national Spuren hinterlassen. Im Unternehmen, bei Geschäftspartnern und bei den vielen guten Mitarbeitern, für die er verantwortlich war.

Bis zur Trennung eine Bilderbuchkarriere

In den vergangenen Jahren war der damals 53-Jährige quasi zum Gesicht von Intersport geworden. Als »Chefstratege und Verhandler« holte er die besten Preise für die Sportprodukte aller Art heraus. Die Sportartikelmacht Intersport besitzt zur Zeit seines Ausscheidens auch durch Klaus Josts Verhandlungs- und Führungsgeschick einen Marktanteil von über einem Drittel in Deutschland und in Europa von über 20 Prozent.

Bis zu dieser Trennung war es also eine Bilderbuchkarriere. Für ihn und für Intersport. Die Karriereleiter, die der gebürtige Hesse hinter sich hat, zeigt bislang stark nach oben. Im Laufe des Buches ist die Beruf(ung)sgeschichte von Klaus Jost immer wieder und in ausführlicher Form Thema. Doch eine biografische Kurzstrecke soll an dieser Stelle vorab den Appetit anregen:

Klaus Jost ist als Jugendlicher ein sehr guter Sportler, aber kein guter Schüler. Deshalb schreibt ihm seine ältere Schwester Eva im Jahr 1977 die Bewerbung um einen Ausbildungsplatz bei der Kaufhof AG. Seine Schwester arbeitet selbst in dem Unternehmen und weiß, worauf es ankommt.

Eine Krankheit ermöglicht den Start in der Sportartikelbranche

Klaus Jost bekommt den Job. Allerdings in der Lebensmittelabteilung. Und hier beginnt seine kaufmännische Erfolgsgeschichte, in der er seine Führungsqualitäten entwickelt, die er selbst aber immer auch als Führung von Gott bezeichnet. Wurst und Käse zu verkaufen, ist auch wichtig, gehört aber nicht zu seinen absoluten Leidenschaften.

Da kommt ihm eine Salmonellenerkrankung fast gelegen, denn hätte er die kurz nach seinem Ausbildungsbeginn nicht bekommen, wäre er vielleicht nicht in der Sportabteilung gelandet. So aber war eine Weiterbeschäftigung im Lebensmittelbereich nicht möglich.

Die Ausbilder erkennen früh, dass Klaus Jost jemand ist, der Verantwortung übernehmen möchte und das Feld lieber anführt, anstatt in der Masse mitzulaufen. Das imponiert seinem Chef Klaus Caspar und so vertraut er ihm früh Leitungstätigkeiten an. Als Auszubildender betreut er recht schnell den kompletten Tennisbereich, der in der damaligen Zeit zu den Herzstücken der Sportabteilungen gehört.

Mit 21 Jahren bereits Filialleiter

Klaus Jost besticht durch Ehrgeiz, Fleiß und händlerisches Geschick. Als ehemaliger Leistungssportler im Bereich Leichtathletik, Tischtennis, Volleyball und Fußball ist auch noch die Leidenschaft für den Sport vorhanden. Und so wird der damals 21-jährige Jost nach erfolgreicher Ausbildung zum Einzelhandelskaufmann und einem zweijährigen Wehrdienst als Zeitsoldat erstmals Filialleiter eines Geschäftes in Krefeld-Uerdingen beim Top-Unternehmen Borgmann Sport & Mode. Dorthin holt er für Kundenevents viele namhafte Sportler, u.a. die Trainerlegende Kalli Feldkamp (siehe Bildteil), was den Umsatz entsprechend steigert. Mit den Jahren werden die Sportgeschäfte, die er leitet, größer, und auch die oberen Etagen der Sportartikelindustrie werden auf Klaus Jost aufmerksam.

So landet er zum Beispiel bei Adidas und prägt später als Mitgründer und internationaler Geschäftsführer den Fachhandels-Verbund SPORT 2000 International, deren größter Konkurrent und gleichzeitiger Platzhirsch Intersport ist. Dessen Verantwortliche interessieren sich natürlich für den erfolgreichen Kaufmann und versuchen, ihn in ihr Unternehmen zu bekommen.

Und tatsächlich: Im Jahr 2001 wechselt Klaus Jost zur Intersport eG nach Heilbronn. Bis 2014 ist er bei der riesigen Sportartikelfachhändlerverbundgruppe mit Sitz in Heilbronn für die Ressorts Sortiment, Marketing und Vertrieb zuständig. Gleichzeitig leitet er seit 2002 zunächst als Vizepräsident und ab 2009 als Präsident den Verwaltungsrat der Intersport International mit Sitz in Bern. Er ist anerkannt, geschätzt und erfolgreich. Immer auf Achse.

Und jetzt? Im November 2014?

Jetzt sitzt Klaus Jost im Auto. Allein. Sorge um Langeweile braucht sich der verheiratete fünffache Familienvater zwar nicht zu machen. Aber von einem Moment auf den anderen völlig neue Prioritäten im Leben setzen zu müssen, ist beängstigend. Besonders für einen Macher wie Klaus Jost.

Am Abend seines Abgangs bekommt Klaus Jost einen Anruf von der »Welt«. *»Ich wünsche den Mitgliedern nur das Beste«,* diktiert er den Journalisten, die ihn nach einem Statement zu der ganzen Trennung fragen, *»und einen baldigen und eisigen Winter. Denn der garantiert den Sportfachhändlern sehr gute Geschäfte.«* Ein letztes Statement. Und wieder ein typisches Zitat für Klaus Jost. Kontrolliert. Logisch und ohne Nachtreten.

Doch dann bleibt das Telefon erst einmal stumm. Klaus Jost ist Privatmann. Keine 16-Stunden-Arbeitstage mehr. Keine Besuche in den VIP-Logen der Fußballweltmeisterschaften, keine Reisen zu Geschäftspartnern nach Fernost, keine stressigen Tage und kein voller Terminkalender, der suggeriert: Du bist wichtig.

Egal wie erfolgreich er einmal war: Klaus Jost ist raus.

Und das tut in allererster Linie unheimlich weh.

1

BEDINGUNGSLOS ANGENOMMEN

»Mama, wenn ich mal groß bin, dann lade ich dich
zu einem tollen Essen ein.«

Dieses Versprechen, bei einem Spaziergang an die eigene Mutter
adressiert, beschreibt Klaus Jost nahezu perfekt. Dieser Satz, als
Kind dahergesagt und trotzdem sehr ernst gemeint und voller
Überzeugung vorgetragen, lässt schon damals erahnen, dass sich
Klaus Jost in seinem Leben hohe Ziele steckt, dass er meint, was er
sagt, und alles dafür tut, um diese Ziele zu erreichen. Auch wenn
das Ziel noch in weiter Ferne liegt.

Und in diesem Moment war eine Essenseinladung für den sechs-
jährigen, gerade eingeschulten Jungen geradezu utopisch. Klaus Jost
stammt aus einfachen Verhältnissen. Er hat deshalb früh gelernt,
sparsam zu sein und Verantwortung zu übernehmen.

Trotzdem war er ganz Kind, mit allem, was dazugehört: Grenzen austesten, Fensterscheiben zerschießen und Lärm machen.
Auch und vor allem in den damals noch geltenden Mittagsruhe-
zeiten und damit sehr zum Leidwesen der Nachbarn. Und wenn

die sich mal wieder bei seiner Mutter über den lärmenden Klaus beschweren, dann beobachtet der ganz genau, wie seine Mutter mit der Situation umgeht.

Edith Jost reagiert besonnen, mit Verständnis für die Nachbarschaft, aber immer mit der klaren und deutlichen Botschaft: Ich finde nicht alles gut, was mein Sohn fabriziert, aber ich halte immer zu ihm! Das ist Balsam für die Kinderseele, hat nicht nur die Beziehung zu seiner Mutter gestärkt, sondern führt zu einem Wesenszug, der sich in Klaus Josts Kindheit entwickelt und ihn bis heute auszeichnet: Selbstbewusstsein.

»Ich habe von meiner Mutter die Bestätigung erhalten, einfach gut zu sein, auch ohne gute Leistungen«, sagt Klaus Jost. »Selbst dann, wenn ich mal einen Fehler gemacht habe. Mein Glück war nicht nur von meiner Leistung abhängig, sondern kam aus einer ganz anderen Kraft.«

Dieses Selbstbewusstsein hilft enorm, wenn man Entscheidungen treffen muss und als Führungspersönlichkeit in Erscheinung tritt. Und damit ist die Verbindung zum Top-Manager Klaus Jost direkt hergestellt.

Zu den elementarsten Qualitätsmerkmalen einer Führungspersönlichkeit, die Fachkompetenz vorausgesetzt, gehören nämlich genau diese drei sogenannten Softskills (persönliche und soziale Kompetenzen):

- Verantwortungsbewusstsein
- Selbstbewusstsein
- Zielbewusstsein und Visionen

Die lassen sich zwar einüben, aber nicht künstlich antrainieren. Vor allem nicht auf Knopfdruck.

Für ihn ist ein wertschätzendes, vertrauensvolles und liebevolles Umfeld als Kind deutlich mehr wert als diverse Seminare für Führungspersönlichkeiten, die durch mitunter unnatürliche Methoden einen aufgesetzten Leitungsstil entwickeln.

Für Klaus Jost beginnt Verantwortungsbewusstsein auch nicht erst dann, wenn ein eigener Dienstwagen vor der Tür steht, das Gehalt in die Höhe schießt oder eine Mitarbeitergröße von 20, 50, 100 oder 1 000 erreicht ist. Nein, es beginnt genau da, wo alle Sozialisation von uns Menschen ihren Anfang nimmt; in der kleinsten Zelle, in der eigenen Familie.

Verantwortungsbewusstsein in der kleinsten Zelle

Und Klaus Jost weiß, was Verantwortungsbewusstsein in der kleinsten Zelle bedeutet. Als Kind hat er keinen mit Puderzucker bestäubten und gut ausgebauten Weg ins Erwachsenwerden nehmen können, denn wirtschaftlich und auch beziehungstechnisch hat die Familie Jost durchaus einige Hürden zu überwinden.

Nehmen wir zum Beispiel sein Wohnumfeld. Er wächst in einem eher verrufenen Stadtteil von Frankfurt auf. Direkt vor seiner Haustür werden Drogen konsumiert, bieten Prostituierte ihre Dienste an. Und genau dieses Setting bezeichnet Klaus Jost im Nachhinein als sein Glück. Nicht weil er sich ein Leben voller Stolpersteine gewünscht hätte, sondern weil genau diese Probleme ihn gelehrt haben, Dinge anzupacken, einen realistischen Blick auf das Leben zu bekommen und keine Berührungsängste mit in der Gesellschaft scheinbar verrufenen und ausgestoßenen Menschen zu bekommen.

Wobei ihm Drogen und Prostitution auch in seiner Funktion als Spitzenmanager immer wieder begegnet sind. »In meiner Branche ist es durchaus üblich, es gerade auf Geschäftsreisen mal ordentlich krachen zu lassen«, weiß Klaus Jost. »Ich habe da nie mitgemacht, habe auch deutlich geäußert, dass ich so eine Art des Feierns nicht gut finde, verurteile aber niemanden, der es tut. Für mich war das auch als Kind oder Jugendlicher nie eine Bedrohung, obwohl es mein direktes Umfeld betraf. Der Vater eines Nachbarjungen, mit dem ich Fußball gespielt habe, war Zuhälter. Aber durch die Beziehung zu meiner Mutter, den lebendigen Glauben an Jesus Christus und meine Liebe zum Sport haben mich solche Süchte und Verlockungen nie wirklich angefochten.«

Was ihm allerdings sehr zu schaffen macht, ist die Trennung seiner Eltern. Edith und Karlheinz Jost lassen sich 1974 scheiden. Klaus Jost ist damals 13. Doch schon viel früher bemerkt er, dass die Ehe nicht funktioniert. Bereits zwei Jahre vor der endgültigen Trennung, nach langer Zeit der Streitigkeiten und Konflikte, zieht der Vater aus. Klaus pflegt auch nach der Scheidung weiterhin ein sehr gutes Verhältnis zu seinem Vater, aber die Familie ist zerrissen.

Seine Mutter ist nun alleinerziehend, arbeitet im Schichtdienst als Altenpflegerin und muss sich hart plagen, damit die Familie durchkommt. Gemeinsam mit seiner älteren Schwester Eva, die schon lange ausgezogen ist, wachsen sie noch enger zusammen.

Klaus Jost ist ab sofort nicht nur für die Reparaturen im Haus zuständig, sondern unterstützt seine Mutter auch in finanziellen Angelegenheiten, führt zum Beispiel die Haushaltskasse, wacht genau über Einnahmen und Ausgaben und erlernt so direkt und sehr existenziell den Umgang mit Finanzen.

»Klar habe ich sehr früh Verantwortung übernehmen müssen«, sagt er. »Aber ich habe das nie als Belastung empfunden. Im Gegenteil; mir hat das Spaß gemacht.« Und das merkt auch sein Umfeld außerhalb der Familie. In der Schule besticht er nicht durch besonders gute Noten, sondern glänzt vor allem als »informeller Klassensprecher«. »Und das, obwohl ich den Posten juristisch gesehen gar nicht innehatte«, erinnert er sich. »Faktisch gesehen war ich aber schon seit dem Kindergarten derjenige, der vorangegangen ist.« Seine Mitschüler und vor allem seine damalige Lehrerin Gudrun Frölich spüren: Dem Klaus kann man vertrauen. Der setzt sich für andere ein und passt auf, dass niemand benachteiligt wird. Der weiß, wo es langgeht.

Und das, obwohl Klaus Jost notentechnisch nicht die Speerspitze seiner Klasse darstellt. »Ein gutes Pferd springt nur so hoch, wie es muss«, sagt er schmunzelnd. »Ich war einfach richtig faul. Zumindest was die klassischen Fächer anging. Aber meine Lehrerin hat zugelassen, dass wir uns nicht nur in Geisteswissenschaften und Fremdsprachen weiterbilden. Und das war mein Glück. Einmal haben wir das Theaterstück *Woyzeck* besucht, ein Drama von Georg Büchner. Darin geht es um die gesellschaftliche Ungleichheit, um Eifersucht, Verzweiflung, bis zum Mord. Ich habe das damals nicht einfach konsumiert, sondern verinnerlicht. Das spiegelt die Tragik des Lebens wider und da ich auch die Schattenseiten des Lebens kennengelernt habe, konnte ich mich gut damit identifizieren. Diese Art von Bildung habe ich vielmehr aufgesogen als die normalen Fächer.«

Küche statt Kirche – Der erste Kontakt zu Gott

Gebildet hat sich Klaus Jost schon lange vor seiner Schulzeit. Im wahrsten Sinn des Wortes. Als Kleinkind hat er viel Zeit in der heimischen Küche verbracht. So war er im Blickfeld von Edith Jost und die konnte den Haushalt erledigen.

Ihr Sohn beschäftigte sich in dieser Zeit nicht mit Bauklötzen oder Matchboxautos, sondern mit einem besonderen Bilderbuch – der alten, großen und schweren Familienbilderbibel. Der Kleine liebt es, in den alten Seiten zu blättern. Von der Schöpfung der Welt bis zur Offenbarung des Johannes studiert er die Zeichnungen bis ins kleinste Detail und hört aufmerksam zu, wenn seine Mutter ihm die dazugehörigen Geschichten erzählt.

Das sorgt nicht nur dafür, dass sich zumindest die Religionsnote neben der Sportnote auf den folgenden Zeugnissen sehen lassen kann, sondern es öffnet tatsächlich die Tür zu einer engen und innigen Beziehung zwischen ihm und Jesus Christus. Küche statt Kirche – so findet der Erstkontakt zwischen Gott und Klaus Jost statt. Und die Beziehung wächst. Klaus besucht kirchliche Gruppen, fährt auf Freizeiten und christliche Tagungen, auch wenn ihm auf solchen Veranstaltungen der Sport gegenüber dem Bibellesen immer etwas zu kurz kommt.

Denn der Sport ist Klaus Josts große Leidenschaft. Egal ob Tischtennis, Fußball, Leichtathletik oder Volleyball – viermal in der Woche werden die Sportschuhe geschnürt; und zwar nicht nur aus purem Spaß an der Freude, sondern mit dem tiefen Ziel, besser zu werden, zu gewinnen, sich auszupowern und Leistung zu bringen. Das klappt auch. Er wird immer besser beim Pritschen, Schießen oder an der Tischtennisplatte. Höhere Spielklassen, herausfordernddere Wettkämpfe und weniger Zeit für kirchliche Aktivitäten sind die Folge.

Glaube und Sport – beide Leidenschaften begleiten Klaus Jost bis heute und sind ein elementarer Teil seines Lebens. Er bezeichnet sich selbst als »sportlichen Christen«. Es versteht sich fast von selbst, dass er auch im Fußballverein die Kapitänsbinde trägt und selbst in seiner späteren Bundeswehrzeit auf der Stube die Kommandos gibt. Hier erlebt er aber auch einen herben Rückschlag. Wegen Wirbelsäulenproblemen muss er plötzlich den Sport komplett aufgeben. Klaus Jost akzeptiert das. Erst mal. Aber er kämpft sich zurück. Auch gegen den Rat so mancher Ärzte ist er bis heute vor allem im Laufsport aktiv und geht den New-York-Marathon mit dem gleichen Ehrgeiz an wie das hiesige Feldberg-Turnfest im Taunus.

Er akzeptiert auch, dass er seine Lehrstelle bei der Kaufhof AG im Jahr 1977 in der Lebensmittelabteilung antreten muss und nicht, wie erhofft, in der Sportabteilung. Eine Salmonellenerkrankung, die ihn wenig später doch in sein Lieblingsmetier katapultiert, ist für ihn kein Zufall, sondern ein Segen.

Eigentlich hätte er auch seine Schwester Eva mindestens einmal richtig schick zum Essen einladen müssen, schließlich hat die ihm seine Bewerbung geschrieben und dafür gesorgt, dass der Einstieg in den Einzelhandel gelingt. Aber das »Dankeschön« gab es dann später in anderer Form.

Klaus Jost ist ein Leistungsmensch – ein Macher, kein Heiliger

So nimmt die Karriere ihren Lauf.

Klaus Jost übernimmt Verantwortung. Für andere. Und schont sich selbst dabei oft nicht. Als Auszubildender genauso wenig wie als junger Filialleiter oder Geschäftsführer. Das ist ein weiteres Merkmal von Menschen in Leitungspositionen, die ihren Job ernst nehmen.

Auf Veranstaltungen, für die er verantwortlich ist, bleibt er bis zum Schluss. Meetings und Vorträge bereitet er akribisch vor. Jost kommt oft als Erster und geht als Letzter, schließt auf und zu. Auch um immer, wenn nötig, schnell noch helfen zu können, den Überblick zu haben, aber vor allem, weil er sich nicht aus der Verantwortung stehlen will.

»Ich musste in meinem ganzen Berufsleben – bisher über 40 Jahre – nicht einen einzigen Tag wegen Krankheit zu Hause bleiben. Klar, Sportverletzungen gab es, Erkältungen auch, aber meine Physis hat immer mitgemacht. Das ist ein ganz großes Geschenk«, stellt er fest.

Durchziehen. Durchbeißen. Erst dann nach Hause gehen, wenn der Schreibtisch komplett abgearbeitet ist. Nie einen Businesstermin aufgrund eines privaten Termins absagen. Präsenz zeigen, als Spitzenmanager nebenbei die Standverantwortung auf der ISPO (Internationale Sportmesse in München) wahrnehmen.

Klaus Jost ist ein Leistungsmensch. Wobei das auch falsch verstanden werden kann. Es geht ihm darum, das Beste zu geben, das Optimale herauszuholen. Im Sport. Im Leben. Im Business. Bei sich und bei anderen Menschen. Es geht ihm nicht um Höchstleistung nach dem Motto: Koste es, was es wolle! Wenn Klaus Jost das Gefühl hat, dass bei einem Menschen mehr Potenzial da ist, als abgerufen wird, dann kann er das auch deutlich zu Gehör bringen. Dabei profitiert er von seiner sehr guten Menschenkenntnis, mit der er auch mal irren, aber immer deutlich zwischen sich und anderen Menschen unterscheiden kann. Das, was er von sich selbst erwartet, verlangt er nicht in derselben Härte von seinen Mitmenschen.

»Leistung ist etwas Gutes«, stellt er klar. »Wir dürfen uns darüber freuen, etwas geschafft zu haben. Aber mein Wert als Mensch hängt nicht von meiner Leistung ab.« Das glaubt Klaus Jost nicht zuletzt, weil für ihn der Sinn des Lebens in der Beziehung zu Gott, seinem Vater und Schöpfer, liegt. Und trotzdem birgt das Leistungsdenken Gefahren. Nicht nur für Klaus Jost, sondern auch für sein Umfeld. Seine Frau. Seine Kinder.

Das Leben hat ihn gelehrt, Rücksicht zu nehmen und trotzdem Grenzen zu überwinden, Ziele durchzusetzen und zu erreichen. Sich nicht unterkriegen zu lassen. Herausforderungen anzunehmen.

Als Kind hat er das lernen müssen. Als Spitzenmanager der Intersport-Gruppe hat er durch diese Eigenschaften große Erfolge erzielt und ist doch ungerechtfertigt brutal abserviert worden. Denn Menschen, die meinen, was sie sagen, und durchsetzen, was sie sich vornehmen, werden nicht immer mit offenen Armen empfangen.

Seine Mutter allerdings wusste schon immer, warum sie ihrem Sohn vertraut. Weil es ihr Sohn ist, den sie bedingungslos liebt. Daraus ergibt sich eine Gleichung, die nicht auf alle Menschen angewandt werden kann, simpel klingt und trotzdem stichhaltig ist: Diese Liebe hat mit dafür gesorgt, dass Klaus Jost einer der erfolgreichsten Manager Deutschlands wurde. Er selbst hat den Beweis angetreten.

Das Versprechen, seine Mutter zum Essen einzuladen, hat Klaus Jost natürlich eingelöst. Unzählige Male schon. Weil Edith Jost »die beste Mutter« ist und weil ihr Sohn alles dafür tut, um seine Ziele zu erfüllen.

Randnotizen

Von Eva Kübler, der älteren Schwester von Klaus Jost

»Als mein Bruder zur Welt kam, war ich anfangs neutral eingestellt, da es immerhin sieben Jahre Altersunterschied sind.«

»Dies änderte sich, als er als Baby schwer krank wurde und ins Krankenhaus musste. Da er dort die Nahrung verweigerte und künstlich ernährt wurde, holte ihn unsere Mutter auf eigene Verantwortung nach Hause. Sie bereitete ihm ein Fläschchen zu und fragte mich, ob ich mich dazusetzen wolle, was ich auch tat. Als mein Bruder auch mich sah, fing er endlich an zu trinken. Da war meine Freude sehr groß, da ich mir vorher große Gedanken um ihn gemacht habe. Ab diesem Moment war er mir ans Herz gewachsen. Später war dann auch sein erstes verständliches Wort ›Eva‹.«

»Bei seinen ersten Laufversuchen rannte er los, statt normal zu laufen. Dabei ging mein Puppengeschirr kaputt. Ich konnte ihm aber einfach nicht böse sein, da er dabei über das ganze Gesicht strahlte, weil ihm eben das Laufen geglückt war.«

»Später in seiner Schulzeit war er ein richtiger Wildfang und musste öfter zur Strafe Aufsätze abliefern. Diese diktierte er mir dann mit der Begründung, dass er sowieso später mal eine Sekretärin hätte. Das fand ich sehr lustig.«

»Als Heranwachsende besuchten wir zu zweit einen Tanzkurs, an den ich mich gerne erinnere, obwohl ich öfter platte Füße hatte.«

»Er hat für die Nöte und Probleme seiner Verwandten und Bekannten immer ein offenes Ohr, auch wenn die Gespräche aus Zeitnot fast immer über Autotelefon geführt wurden.«

»Mein Bruder Klaus ist nicht – wie es leider üblich ist – auf sein eigenes Wohlergehen fixiert, sondern er kümmert sich darum, dass es anderen gut geht.«

ZWISCHEN DEN ZEILEN

In erster Linie ist Klaus Jost ein gerader Typ, der aufrecht durchs Leben geht. Aber wenn man ihn besser kennt, dann merkt man schnell, dass er das Abenteuer liebt, Strecken testet, kalkulierte Risiken eingeht, eingehen muss, und dabei auch gerne überrascht wird, ohne dass er es immer zugeben würde.

Deshalb kommen hier zwischen den Zeilen Menschen zu Wort, die ihn gut kennen – aus allen Bereichen des Lebens –, um das Bild, das ich von ihm zeichne, noch ein wenig abzurunden. Ich bin stolz, dass es uns gelungen ist, eine sehr repräsentative Truppe zusammenzustellen, die sich in diesem Buch zu Wort meldet. Persönlich und ausführlich, nicht mitten in einem Fließtext zitiert. Das Vorwort von Franz Julen haben Sie schon gelesen, ebenso wie die aufschlussreichen Erinnerungen seiner Schwester. Wunderbar, dass sie dabei sind. Ebenso freue ich mich über interessante Statements der ehemaligen Assistentin vom Vorstand der Intersport, Michaela Heusler, und über eine Einschätzung vom langjährigen Vorstandsvorsitzenden der Adidas AG, Herbert Hainer, einem engen Geschäftspartner von Intersport und damit auch von Klaus Jost. Das letzte Wort des Buches hat dann wieder: die Familie. Denn was seine Frau Andrea und seine älteste Tochter Deborah über ihren Mann und Vater zu sagen haben, ist ehrlich, wertschätzend und offen.

Und nicht zuletzt erlaube ich mir als Autor den Blick von außen auf Klaus Jost. Denn als die Anfrage für dieses Buchprojekt kam, habe ich nicht sofort zugesagt. Ich habe es mir gut überlegt und erst durch die vielen Gespräche in den letzten Jahren hat sich herauskristallisiert, dass es die richtige Entscheidung war. Warum? Das wird noch nicht verraten, sondern wird klar, wenn Sie sich auf die gemeinsame Wanderung durch das Leben und Wirken von Klaus Jost einlassen. Über die Hauptstraßen und durch unwegsames Gelände.

Deshalb erlaube ich mir auch ganz unverschämt, einen kurzen Einschub meines ersten persönlichen Eindrucks von Klaus Jost weiterzugeben.

Er entstand zu einer Zeit, als ich noch nicht im Ansatz ahnte, dass ich einmal ein Buch mit und über ihn schreiben würde. Den Namen Klaus Jost hörte ich erstmals während einer Veranstaltungsvorbereitung im Frühjahr 2015. Als Referent für Öffentlichkeitsarbeit der christlichen Sportorganisation SRS e. V. war ich mitverantwortlich für das Arena-Forum, einen Kongress im Spätherbst 2015, in dem wir uns thematisch mit dem Thema »Scheitern« auseinandergesetzt haben. Dafür brauchten wir spannende Menschen. Relevante Menschen. Solche, die ehrlich und offen reden wollten und konnten. Typen, die nicht den üblichen Erwartungen entsprechen, eine andere Perspektive einnehmen und dadurch herausfordern und Mehrwert bieten.

Der ehemalige Fußballnationalspieler Uli Borowka zum Beispiel. Der hatte mit seinem Buch, in dem er offen über eine Alkoholsucht sprach, unser Interesse geweckt. Und Klaus Jost. Hier hat uns die Geschichte des Spitzenmanagers, der relativ plötzlich und nicht ganz freiwillig aus der Führungsetage von Intersport ausgeschieden war, interessiert.

Das versprach spannend zu werden.

Nach der Vorbereitungssitzung googelte ich die Kombination »Klaus Jost« und »Intersport«. Viele Ergebnisse. Zum Beispiel »Das Kapitel Intersport und Klaus Jost ist zu Ende« oder »Klaus Jost geht in die Kirche«. Die Kombination aus Sport/Management/Christ ist ungewöhnlich. Klaus Jost hat dann für ein Seminar zugesagt. Im November 2015 kam er mit seiner Frau in den Westerwald.

Auf dieser Veranstaltung haben wir kein Wort miteinander gewechselt, aber ich habe ihn damals beobachtet. Er wirkte auf mich etwas unnahbar und sehr selbstbewusst. Der Kongresstag startete mit einem Plenum-Programm, in dem auch die einzelnen Seminare vorgestellt wurden. Klaus Jost wurde interviewt und begegnete den beiden Moderatoren eher kühl und distanziert.

Ein typischer Manager, dachte ich.

Sein Seminar war trotzdem sehr gut besucht. Und es gestaltete sich ganz anders, als ich es erwartet hatte. Ich kann im Nachhinein gar nicht genau sagen, worauf ich mich eingestellt hatte. Vielleicht auf einen kühlen Managementslang, einen Vortrag »Vom Scheitern zum Erfolg in fünf Schritten (und das auch noch mit Gottes Hilfe)«, eine typisch christliche »Wir Christen sind alle angefochten«-Ausführung oder ein Nachtreten gegen den alten Arbeitgeber, was auch im christlichen Setting leider nicht unüblich ist.

Meine allergrößte Angst bestand darin, dass Klaus Jost eigentlich überhaupt keine Lust auf dieses kleine Seminar hatte. Wer in den großen Hallen der Welt referiert hat, der findet so einen Kongress vielleicht sogar viel zu popelig, dachte ich.

Ich wurde positiv überrascht. Er strahlte viel weniger Distanz aus. Professionell und fast herzlich stand er vorne und man spürte, dass er sich über den vollen Saal freute. Was dann folgte, war eine interessante Mischung aus Vortrag, Bibelarbeit und biografischer Erzählung.

Erst im Nachhinein wurde mir klar, dass diese knapp 90 Minuten Klaus Jost pur waren. Komprimiert und gebündelt zwar, aber ohne Schauspiel und Selbstinszenierung.

Klaus Jost hat erst einmal gebetet. Und dann nach einem kleinen Quiz Kekse verschenkt. Später hat er den Begriff des Scheiterns als einen Begriff aus der Schifffahrt definiert. Wenn ein Schiff durch einen Sturm einen Unfall hat, an einem Riff bricht, dann ist es gescheitert.

Für mich persönlich übertrug ich das so: Ein Schiff scheitert praktisch nie, wenn die See ruhig ist. Kann zwar passieren, aber dann muss der Kapitän eines Schiffes schon ganz gehörig einen im Tee haben.

Das fand ich gut. Es hat das Scheitern etwas entkräftet.

Während des gesamten Seminars habe ich immer ein bisschen auf den Moment gewartet, dass Klaus Jost sich darüber äußert, wie er sein Ausscheiden bei Intersport interpretiert. Ist er auf hoher See als verantwortlicher Steuermann gescheitert? Wurde er das Opfer einer Meuterei? Das kam während des gesamten Seminars nicht. Er hat sich sehr wertschätzend über Uli Borowka geäußert, der am Abend vorher auf der Bühne saß und aus seinem Leben erzählte. Ich habe gespürt, dass Klaus Jost gerade mit solchen Typen mitfühlt. Aufgrund seines Berufes weiß er, welchem Druck Spitzensportler ausgesetzt sind, und aufgrund seiner Herkunft weiß er, wie es sich anfühlt, mitten in einem Stadtteil zu wohnen, in dem Menschen jeden Tag an der Droge Alkohol scheitern.

Und er sprach über die Gefühle, die nach einem Scheitern entstehen. Man fühlt sich entehrt, schlecht, schuldig. »Ob das auch seine Gefühle waren?«, habe ich mich damals gefragt. Und dann, nach einigen kleinen Anekdoten aus seiner Zeit als Intersport-Chef, führt er seine Zuhörer sehr schnell weg vom Big Business und hin zu einem Bereich, an dem jeder teilhat: Es geht um das Scheitern in der Familie und in der Ehe.

Er deutet es an: Auch in seiner Familie gibt es Erfahrungen des Leids und der Hilflosigkeit. Er nennt keine Details, aber ich mache mir innerlich Stichpunkte: Da würde ich in einem Interview gerne nachfragen.

Geht nicht! Klaus Jost redet weiter.

»Der nächste Morgen fängt am Abend vorher an.« Ein weiterer Satz, der mir hängen geblieben ist. Wer Scheitern vermeiden will, braucht Disziplin. Ein wichtiger Satz. Ich fühle mich ertappt.

Nicht jedes Scheitern muss sein. Und es ist wichtig, es zu erwähnen. Denn ansonsten stehen wir in der Gefahr, den Gedanken des Scheiterns zu glorifizieren, und darum geht es nicht. Wir müssen schon unsere Hausaufgaben machen. Das glaube ich Klaus Jost sofort. Dass er seine Hausaufgaben macht, meine ich.

Und weiter geht's: »Und wenn wir trotz aller Vorbereitung scheitern, dann ist das gerade in Deutschland immer noch schlimm.« Ich nicke zustimmend. »Es ist ein Balanceakt. Es wird zwar immer von einer sogenannten Fehlerkultur geredet, aber wenn es so weit ist, dann steht der Gescheiterte doch eher als Außenseiter und Versager dar, als dass Menschen ihn als Experten für mutige Schritte, die leider nicht geklappt haben, sehen.«

Dann geht es um das Thema »Mit Anstand verlieren«. Daran habe ich leider gar keine Erinnerungen mehr, muss auch ehrlich zugeben, dass ich an der Stelle nicht richtig zugehört habe, weil ich allmählich müde werde. Ich merke aber deutlich auf, als ich ihn sagen höre: »… und wenn dir dann noch jemand sagt: Wenn eine Tür zugeht, dann geht eine andere Tür auf, dann kann ich nur antworten: Du Depp! Du hast ja gar keine Ahnung.«

Jetzt bin ich wieder da.

»Oder schlimmer«, fährt er fort. »›Machen Sie sich keine Sorgen.‹ Auch so eine tolle Handlungsanweisung. Gefühle und Trauer

müssen gerade in Momenten des Scheiterns zugelassen werden.«
Auch das notiere ich mir: Wie gehen Sie persönlich damit um?
Klaus Jost ist schon weiter: Jeder scheitert!

Und am Ende des Seminars verrät Klaus Jost seine Lebensregeln. Es sind die Zehn Gebote. Er geht eins nach dem anderen durch und überträgt sie auf das eigene Leben. Und er untermauert diese Lebensregeln mit der Frage, die er sich zum Selbstcheck stellt:

Steht das, was ich vorhabe, mit Gottes Wort im Einklang?

An der Stelle will ich ehrlich sein und Ihnen sagen, dass ich diese Phase des Seminars relativ unbefriedigend fand. Ich habe mich an dieser Aussage gerieben, obwohl sie nicht falsch ist.

Es war eine konservative Aussage. Und ich habe auch hier die Antwort vermisst: Wie soll sie denn aussehen? Woher soll ich in den wichtigen Entscheidungen des Lebens den perfekten Bibelvers nehmen? Ist es so, dass ich meine eigene Entscheidung nur mit dem Wort Gottes begründen muss, um sie zu legitimieren? Das hat mich aufgewühlt. Und damit hat das Seminar Spuren hinterlassen. Und Klaus Jost auch.

Schade, dachte ich mir hinterher. Wir werden uns wohl so schnell nicht wieder begegnen. Mit dem würdest du bestimmt spannende Gespräche führen können. Über Gott und die Welt.

Wie schnell sich diese Gelegenheit und dieses Privileg dann doch ergeben hat, konnte ich zu diesem Zeitpunkt ja noch nicht ahnen.

2

EIN MACHER, KEIN HEILIGER

»Nur weil ich bekennender Christ bin, bin ich kein
besserer Mensch.«[2]

Diesen Satz liest Klaus Jost am 17. Mai 2010 in der Süddeutschen
Zeitung über sich. Er hat ihn dem Wirtschaftsjournalisten Uwe
Ritzer in den Interviewblock diktiert. Zu der Zeit ist Jost bereits
seit sieben Jahren Vorstand der Intersport Deutschland eG und seit
einem Jahr Präsident der Intersport International mit Sitz in Bern.

Die Öffentlichkeit interessiert sich für ihn, und das neue Etikett
»Christ und Wirtschaftsboss« zieht einiges an Aufmerksamkeit auf
sich. »Ich habe nie ein Geheimnis daraus gemacht, dass ich Christ
bin«, stellt Klaus Jost fest. »Aber sobald man mehr und mehr in
den Fokus gerückt wird, interessieren sich die Menschen auch für
so was.«

Dieses Statement des Interviews klingt nicht ganz vollständig. Es
schreit quasi nach einem Nachfolgesatz, der mit »Aber ...« beginnt.
Und dieser Satz kommt auch, allerdings noch nicht an dieser Stelle,
sondern erst am Ende des Kapitels. Denn Klaus Jost kann den Satz

durchaus erst einmal so stehen lassen. Denn genauso sieht er sich. Nicht besser als andere, und zwar ohne Wenn und Aber.

Sein Glaube an Gott bestimmt sein Leben, beschert ihm aber keinen besonders lukrativen Logenplatz im Leben. Das hat er schon in seiner Kindheit erfahren müssen. Und das widerfährt ihm auch auf seinem weiteren Lebensweg.

Wobei es nicht nur die Tiefschläge sind, die besonders in Erinnerung bleiben, sondern auch die schönen Momente. Zwei davon erlebt Klaus Jost einige Jahrzehnte vor seinem Interview mit der überregionalen Tageszeitung.

– Mit 21 Jahren werden er und seine spätere Frau Andrea endlich ein Paar. Sie kennen sich schon länger. Zwei Jahre später, 1984, heiraten die beiden und weitere zwei Jahre später bekommen sie Nachwuchs.

– Mit 21 Jahren ist er bereits Filialleiter eines Sportgeschäftes in Krefeld-Uerdingen und damit deutlich jünger als seine Mitarbeiter.

Damit verschieben sich die Prioritäten deutlich, aber eins bleibt: Klaus Jost übernimmt Verantwortung. Nicht mehr als Sohn, sondern als Ehemann, Vater und in einer beruflichen Leitungsposition, die so früh eigentlich gar nicht zu erwarten war. Im geschäftlichen Bereich setzt er das um, was er in der Ausbildung gelernt hat, besteht neue Herausforderungen und geht in seinem Geschäft auf. Auch hier geht er intuitiv, direkt, verblüffend einfach und logisch vor. Jost war Anfang der Achtzigerjahre sicherlich nicht der Erste, der darauf achtete, dass bei einer Außentemperatur von 30 Grad im Schatten und strahlendem Sonnenschein die Bademoden prominent platziert werden und die Regenmäntel ganz schnell verschwinden sollten.

»Die Grundgesetze des Sporteinzelhandels sind ziemlich einfach und ich habe sie direkt umgesetzt«, sagt Klaus Jost. »Wenn die Fußballweltmeisterschaft vor der Tür steht, muss das im Laden spürbar und sichtbar werden. Ebenso bei anderen Ereignissen. Das Gleiche gilt für die Jahreszeiten. Außerdem habe ich schnell ein Gespür für die Gegend entwickelt, in der das Geschäft liegt, und für die Menschen, die bei mir einkaufen. Das, gepaart mit einer gewissen Experimentierfreudigkeit, hat mich von Anfang an beflügelt.

Das Wort »Bilderbuchkarriere« scheint fast schon zu mickrig

Und das ist direkt spürbar. Seine Filiale verzeichnet achtbare Erfolge. Die Mitarbeiter vertrauen dem Jungspund. So sehr, dass sich einige Verkäuferinnen sogar mit privaten Problemen an Klaus Jost wenden. Das führt mitunter zu Konflikten mit der frischgebackenen Ehefrau. Eines Abends kommt Jost wieder besonders spät nach Hause. Der Grund: Nach dem Kassenabschluss des Tages erzählt ihm eine Verkäuferin von ihren privaten Problemen. Sie kommen ins Gespräch über Glaubensfragen und Klaus Jost hat ein offenes Ohr für seine Mitarbeiterin. Selbstlos und in diesem Fall auch auf Kosten seiner Frau. Denn die ist wenig erfreut, dass ihr Mann bei den ohnehin schon nicht so lebensfreundlichen Arbeitszeiten des Einzelhandels noch einmal zwei Stunden später nach Hause kommt.

Die Arbeitszeiten werden mit den Jahren nicht unbedingt familienfreundlicher, aber die Familie wächst. Fünf erwachsene Kinder hat das Ehepaar Jost großgezogen und Papa Klaus hat sich auch hier nicht aus der Verantwortung gestohlen. In der Kategorie »Windeln wechseln« macht ihm auch heute noch niemand so schnell etwas vor. Und in der Kategorie »Steile Karriereleiter« auch nicht.

Nachdem es sich in der Sportartikelbranche herumgesprochen hat, dass ein blutjunger, aber sehr erfolgreicher Kaufmann die Szene aufmischt, verlässt Jost das erfolgreiche Filialunternehmen Borgmann Sport in NRW und wird Vertriebs- und Marketingleiter der Firma *grasshoppers International*. Später führt Jost als Brandmanager für Adidas die Sportmarke *le coq sportif* im deutschsprachigen Raum. Da ist er noch nicht mal 30 Jahre alt.

Am 1. Juli 1993 dann der nächste Karrieresprung. An diesem Tag ist folgende Pressemeldung in Wirtschaftskreisen zu lesen:

Klaus Jost, 32, ist am 1. Juli in die Geschäftsleitung der Fach-Sport GmbH, Mainhausen, eingetreten. Er ist als GF [Geschäftsführer] für die Bereiche Marketing/Einkauf/Vertrieb neben Norbert Pfarr (Finanzen/Controlling) verantwortlich.[3]

Aus dieser Position heraus gründet er gemeinsam mit seinem Team und der *SPORT 2000 France* zusammen die *SPORT 2000 International in Bern (CH)* und wird später in Personalunion auch noch Geschäftsführer der internationalen Gesellschaft.

2001 wirbt ihn dann der größte Konkurrent ab. Klaus Jost wechselt von Mainhausen nach Heilbronn als Vorstand zur Intersport und damit zur weltweit größten mittelständischen Verbundgruppe im Fachhandel. Einen größeren Ritterschlag kann es nicht geben. Und auch hier führt der Weg bis nach ganz oben.

Das Wort »Bilderbuchkarriere« scheint fast schon zu mickrig für diese Vita.

Der Wermutstropfen: Wer zu Spitzenzeiten 200 Tage im Jahr unterwegs ist und 80 Stunden in der Woche arbeitet, der muss familientechnisch Abstriche machen. Und der muss sich auch gefallen lassen, wenn einige der fünf Kinder sagen: »Papa war nie da!« und andere feststellen: »Uns ging es doch gut! Ich fand das nicht so schlimm!«

An dieser Stelle würden andere Menschen das Kapitel Familie und Beruf mit dem Kommentar »Für einen privilegierten Lebensstil müssen halt Opfer gebracht werden« zuklappen und sich den scheinbar wichtigeren Themen zuwenden, aber da versperren Klaus Jost seine Ehrlichkeit und die bereits oben erwähnten Tiefschläge den Weg. Denn auf dem Zenit der Karriere stellt sich im Jahr 2012 ein ganz dicker und bitterer Brocken in den Weg. Klaus' Frau Andrea erleidet einen schweren Schlaganfall, während sie mit ihren Kindern in Südfrankreich Urlaub macht. Klaus Jost ist zu der Zeit auf Vortragsreise in Deutschland unterwegs.

Auf dem Zenit der Karriere dann der Rückschlag

In diesem Moment hält Hilflosigkeit Einzug im Leben von Klaus Jost, denn er ist zur Untätigkeit verdammt. Weit weg von seinen Liebsten kann Klaus Jost nur hilflos herumsitzen, während die Ärzte um das Leben seiner Frau kämpfen, die erst in der zweiten Klinik, einer »Stroke Unit« (spezielle Organisationseinheit zur Erstbehandlung von Schlaganfallpatienten) behandelt werden kann. Stunden nach dem Schlaganfall wird das Blutgerinnsel entdeckt und herausoperiert. Zu spät – eine Gehirnhälfte stirbt komplett ab. Eine lange und harte Zeit der Reha beginnt.

2018, knapp sechs Jahre später, scheint es für die behandelnden Ärzte immer noch wie ein Wunder, dass Andrea Jost wieder kocht, den Ostergarten in der heimischen Gemeinde mitorganisiert und ihren Mann auf seinen Reisen teilweise begleiten kann. »Das scheint nicht nur wie ein Wunder«, ist sich Klaus Jost sicher. »Das war ein Wunder!«

Er arbeitet in der Zeit nach dem Schlaganfall keinen Tag weniger. Seine Mitarbeiterin und Assistentin Michaela Heusler hält ihm auch privat den Rücken frei. Als Gegenüber und Korrektiv kann sich Klaus Jost zu 100 Prozent auf sie verlassen. Und das muss er auch. Denn neben Beruf und Krankheit sind noch fünf Kinder mit von der Partie, die berechtigterweise im deutlichen Maße Aufmerksamkeit fordern. Und einige davon machen gerade eine schwere Phase durch. Ob ihnen die Krankheit der Mutter zusetzt, sie die eigene Pubertät oder eine Kombination von beidem belastet, ist schwer zu sagen.

Michaela Heusler hält in dieser Phase den Kontakt zur Schule und telefoniert auch schon mal mit der Polizei, wenn eins der Kinder von Klaus Jost über die Stränge schlägt. Nicht nur, aber ganz besonders in dieser Zeit merkt Jost, wie wertvoll es ist, wenn man sich auf eine Mitarbeiterin und echte Kollegin verlassen kann.

Noch deutlicheren Halt gibt ihm der Glaube an Gott. Klaus Jost merkt: »Wenn es mir am dreckigsten geht, dann bete ich am meisten.« Und zwar gar nicht so sehr um Heilung oder einen Ausweg aus dem Schlamassel, sondern eher um Kraft und die Ruhe, in diesen schwierigen Zeiten mit der Situation zurechtzukommen und mit einem klaren Kopf zu bestehen. Es zeichnet Klaus Jost aus, dass er auf die Frage, ob die Familie unter seinem Job gelitten hat, mit Ja antwortet. Und dieses Ja klingt ehrlich, selbstkritisch, aber trotzdem immer noch selbstbewusst. Klaus Jost weiß, was ihm und seinem Umfeld zugemutet wird, und ihm ist auch klar, dass er nicht immer allen gerecht werden kann.

Auch daran können sich viele Manager, Macher oder Männer überhaupt ein Beispiel nehmen. Dass jemand zu jeder Zeit alles im Griff hat, ist nicht realistisch. Die Flucht in die Ehrlichkeit beweist wahre Stärke und schmälert nicht das eigene Ego. Klaus Jost kümmert sich um seine Familie, ist in den entscheidenden Momenten zur Stelle, denkt in Lösungen und hält sich nicht mit großer Bitterkeit oder trüber Stimmung auf. »Wenn du Verantwortung hast, musst du performen«, sagt er. »In der Firma und natürlich in der Familie.« Denn was nutzt einem aller Erfolg, wenn es der Familie nicht gut geht? Nur dass beide Seiten unterschiedliche Anforderungen haben und in manchen Dingen einfach nicht zu vergleichen sind. Als Manager einer Firma ist er es gewohnt, Dinge zu priorisieren und relativ emotionslos abzuarbeiten. Die Familie ist da anders gelagert. Diesen Schalter kann er manchmal nicht umlegen. Das führt zu Konflikten in der Beziehung zwischen Klaus und Andrea.

Mit Gott unterwegs und trotzdem nicht ohne Rückschläge

Doch das Fundament hält. Denn über (oder unter) allem steht die absolute und bedingungslose Liebe und Annahme, die beide füreinander empfinden und die Klaus und Andrea Jost auch ihre Kinder spüren lassen. Denn genauso wie Klaus Jost es als Kind erlebt hat, möchte er auch seine Kinder prägen und sie mit diesem Selbstbewusstsein in die Selbstbestimmtheit entlassen.

Trotzdem bleibt in dieser Lebensphase vieles unbefriedigend. Manchmal fühlt es sich einfach nur nach Durchhalten an, und gerade als sich die Familie mit der Krankheit der Mutter zumindest arrangiert hat, kommt die nächste Hiobsbotschaft: Bei Andrea Jost wird Krebs diagnostiziert. Das trifft auch den sonst so starken Klaus Jost wie ein Blitzschlag. »Das war der absolute Tiefpunkt«, sagt er offen. »Denn in die Phase der Krebserkrankung fiel auch noch mein Rausschmiss bei Intersport.« Und gerade hier, an einem der tiefsten Punkte seines Lebens, wird ihm ganz deutlich, was der Glaube an Gott bedeutet: »Mit Gott unterwegs zu sein, bedeutet nicht, dass ich immer gewinne, vorne stehe oder ohne Leid, Schmerzen, Not und Ängste auskomme. Es gilt, auch dunkle Zeiten auszuhalten, ohne sie sofort harmonisieren zu wollen oder den Kopf in den Sand zu stecken.«

Vieles bleibt im Hier und Jetzt erst mal unvollständig und offen. Es gibt Zeiten des Leids, Zeiten des Erfolgs. Es gibt Zeiten der Niederlagen und Zeiten der Siege. Was sich fast wie ein Text des Predigers Salomo aus der Bibel anhört, ist weit mehr als eine Lebensweisheit. Es ist der wichtige Sinn für die Realität, die für Menschen oft nicht beeinflussbar ist. Klaus Jost stellt sich den Problemen seines Privatlebens genauso wie den Herausforderungen in seinem Job. Und zwar frontal. Wobei er einsehen muss, dass die Entscheider einer Firma besonders beobachtet werden und gar nicht immer sofort beeinflussen können, wie sie innerhalb der Firma wahrgenommen werden.

Das zeigt sich bei dem scheinbar banalen Beispiel der Essgewohnheiten. Seit jeher isst Klaus Jost nur am Abend. Frühstück und Mittagessen fallen einfach aus. Nun erscheint er deshalb auch selten bis gar nicht in der Firmenkantine der Intersport. Das fällt den Mitarbeitern der Zentrale in Heilbronn natürlich auf und die vermuten, dass sich der Herr Vorstand wohl zu fein ist, das Mittagsmahl mit dem gemeinen Volk zu halten und sich deshalb im Büro verkösten lässt. Als Klaus Jost von diesem Gerücht Wind bekommt, ändert er zwar seine Essgewohnheiten nicht, aber lässt sich öfter in der Kantine blicken.

Ebenfalls überrascht wird er von einem Missverständnis mit einem Hausmeister und Mitarbeiter des Fuhrparks seiner Firma. Jost unterbreitet dem Mann das gut gemeinte Angebot, den Dienstwagen höchstpersönlich zu waschen. Mit dem Hintergedanken, nicht als arroganter Boss dazustehen. Wer das Auto fährt, der kann es auch waschen, so denkt Jost. Der Mitarbeiter wiederum versteht das Angebot als absoluten Affront, denn es ist schließlich seine Arbeit, die ihm Herr Jost aus der Chefetage da streitig machen will. Auch das Missverständnis kann geklärt werden. Und zwar direkt und ehrlich. Diese Art von Kommunikation ist Klaus Jost wichtig.

Als Chef im Fokus der Mitarbeiter

Während der Intersportzeit steht seine Bürotür deshalb auch meistens offen. Und unter seiner Telefondurchwahl, der -210, meldet sich in der Regel immer der Chef persönlich. Er ist nicht der Typ, der sich von Vorzimmerdamen und Assistenten wegblocken lässt. Sobald das Gespräch auf die Erreichbarkeit kommt, dann wird er ziemlich deutlich und klar.

»Wenn eine Führungskraft für seine Umwelt nicht erreichbar ist, dann läuft ziemlich viel falsch. Was ist denn die Aufgabe einer Führungskraft? Er muss sich um andere Leute kümmern, ein offenes Ohr haben, Probleme anpacken und ansprechbar sein. Er wird an seinen Taten gemessen und nicht an seinen Worten.«

Wobei wir wieder am Anfang des Kapitels wären. Bei dem Zitat des Zeitungsartikels. Klaus Jost ist als Christ kein besserer Mensch. »Aber Werte wie Korrektheit, Ehrlichkeit und Fairness müssten immer die Grundlage des Handelns sein«, sagt er dem Journalisten Uwe Ritzer, der das auch genauso drucken lässt.

Das sind keine Eigenschaften, die Christen exklusiv gebucht haben. Das gilt für alle Menschen. Aber Jesus Christus ist in diesem Bereich ein sehr gutes Vorbild.

Randnotizen

von Michaela Heusler, Assistentin vom Vorstand der Intersport

... Klaus Jost lebte Intersport. Für ihn gab es zwar räumlichen Feierabend, wenn er abends das Büro verließ oder von einer Geschäftsreise nach Hause kam, aber gedanklichen Abstand gab es nie. E-Mails wurden innerhalb von wenigen Minuten beantwortet, egal ob aus dem Auto, beim Einchecken in den Flieger oder im Hotel – allerdings niemals beim täglichen Lauftraining.

... Mittags gab es für ihn keine Meetings – das war eine feststehende Regel – da brach er entweder allein oder mit einigen Intersport-Mitarbeitern zur Laufrunde auf. Nie fehlten im Gepäck für Geschäftsreisen die Sportsachen. Das war eine eiserne Regel, ebenso wie der morgendliche Kaffee mit etwas Milch, nach dem Laufen ein Glas Wasser und meine Hinweise, dass er generell viel zu wenig trinkt, die er immer lächelnd ignoriert hat.

... Er erwartete von seinen Führungskräften und allen Mitarbeitern, dass sie im Sinne der Intersport zu 100 Prozent performten, ihre Prioritäten festlegten und entsprechend ausrichteten. Sie hatten viel Handlungsspielraum, womit nicht jeder gut klarkam. Er kannte die Sorgen und Probleme seiner Führungskräfte gut, die Hintergründe in den jeweiligen Abteilungen, die Stärken und Schwächen der Mitarbeiter, versuchte aber immer eher Hilfe zur Selbsthilfe zu leisten, als direkt einzugreifen.

… Für mich war diese Art der Zusammenarbeit – basierend auf Vertrauen, entsprechender Vorbereitung und eigener Verantwortung – der Grund, bis zum bitteren gemeinsamen Ende bei der Intersport durchzuhalten, obwohl das allgemeine Klima im Aufsichtsrat und Vorstand zuletzt ständig kälter wurde. Jeder gemeinsame Arbeitstag endet mit dem Satz: »Ich wünsche Ihnen einen schönen Feierabend und vielen Dank für Ihre Arbeit!«

… Die Vorweihnachtszeit war geprägt von vielen persönlichen Schreiben an die Mitarbeiter, die Industriepartner, die Mitgliedshäuser, Intersport International weltweit. Trotz aller Diskussionen und – wie wir fanden – guten Alternativvorschlägen ließ er sich nicht davon abbringen, seitenlange Jahreszusammenfassungen mit persönlichen Zeilen persönlich zu diktieren, schreiben und übersetzen zu lassen. So war diese ja eigentlich besinnliche Zeit, geprägt von zig Serienbriefen, Tausenden von Ausdrucken… Im Vorstandssekretariat rauchten die Köpfe, die Nerven lagen blank, diese unglaublich vielen Briefe noch rechtzeitig ankommen zu lassen.

… Im Nachhinein gesehen ist die damals so verhasste Weihnachtspost sehr kennzeichnend für ihn, seinen Glauben an die Bedeutung der Weihnachtszeit und seinen Umgang mit Menschen.

… Ausgerechnet für ihn, der einer der größten Manager der Sportbranche war, ist Erfolg nicht so wichtig, wie man erwarten könnte. Er freute sich darüber, war stolz auf das, was er erreicht hatte, aber der Erfolg war trotzdem für ihn nicht so bedeutend, dass er deswegen seine Prinzipien vergessen würde.

Klaus Josts Quick-Tipp –
Eine kleine Checkliste zum Thema Mobbing

... **Mobbing ist ein schwieriges und sehr individuelles Thema.** Deshalb am Anfang direkt die Info: Mobbing gibt es in den unterschiedlichsten Ausprägungen und vom Kindergarten bis zum Altenheim. Ich gehe nur auf das Thema »Mobbing im Beruf« ein und das auch sehr verkürzt. Trotzdem hilft es vielleicht, um Anzeichen zu erkennen und ernst zu nehmen.

... **Wenn man das Gefühl verspürt, gemobbt zu werden, hilft es, kurz einen Selbstcheck durchführen:** War es vielleicht ein dummer Scherz auf die eigenen Kosten? Es gibt viele Menschen, die sich über andere lustig machen, um sich selbst besser zu fühlen. Das ist schlimm genug, bedeutet aber nicht immer, dass diese Person eine andere Person fertigmachen möchte. Egal wie das Ergebnis ausgeht: Okay ist das Verhalten nicht. Aber es kann helfen, wenn man weiß, dass es nicht um mich selbst geht, sondern »nur« um die Profilierung auf Kosten eines anderen Menschen.

... **Manchmal macht es Sinn, mit der Person, die man im Verdacht hat zu mobben, unter vier Augen zu sprechen.** Wenn Sie sich stark und sicher genug fühlen: Frontalangriff in einem intimen Rahmen. Dann kann man konkret sprechen und Missverständnisse ausräumen. Auf jeden Fall dient es dazu, der anderen Person klarzumachen, dass es wehtut, in dieser Form behandelt zu werden.

... **In einer Firma gibt es immer die Möglichkeit, sich an den Vorgesetzten zu wenden.** Das kann ein wichtiger und guter Schritt sein. Aus eigener Erfahrung muss ich leider zu bedenken geben: Nicht jede Führungskraft ist dafür geeignet. Wenn jemand mobbt und dabei über einen längeren Zeitraum durchkommt, hat er oder sie oft ein gewisses Standing in der Firma. Menschen, die andere Personen einschüchtern, fühlen sich vordergründig sehr gefestigt. Das kann für das Mobbingopfer zum Nachteil werden, wenn sie die nächsthöhere Instanz einschalten. Aber grundsätzlich gilt es, den Chef über die Vorkommnisse zu informieren und in großen Unternehmen auch den Betriebsrat hinzuzuziehen.

... **Schützen Sie sich da, wo es geht, mit Abstand** und tun Sie etwas gegen den Stress. Und da hilft auch wieder der Sport, denn wenn Sie eine gute körperliche Fitness haben, können Sie besser und selbstbewusster mit den Anfeindungen umgehen.

... **Suchen Sie sich Hilfe von Menschen,** denen Sie vertrauen. Mit echtem Mobbing ist nicht zu spaßen.

Menschen aus ihrem privaten Umfeld sind meistens gut dafür geeignet. Suchen Sie sich Verbündete. Da ist das pure Aussprechen der Sorgen, Belastungen und Verletzungen oft schon eine erste wichtige Stärkung. Nicht umsonst haben heute immer mehr Menschen in Verantwortung einen Coach. Es gibt auch gute Selbsthilfegruppen und andere Beratungsstellen, die Sie auffangen können.

… **Ich empfehle Ihnen, in so einer Situation zu Gott zu beten.** Die Macht des Gebets, »Gottes Arm zu bewegen«, ist eine Energiequelle, die Hoffnung schenkt. Jesus Christus kann alles wenden und auch die härtesten Widersacher umdrehen. Doch zumindest nimmt Ihnen das Gebet zu Gott den Groll und sorgt für einen neuen Blick auf die Zukunft.

3

HINTER DEN KULISSEN
DES MARKTES

Letztlich war Jost das Gesicht von Intersport, in den
Medien wie auch bei Händlern.[4]

Klaus Jost kann auf mehr WM-Teilnahmen als der deutsche Rekord-
fußballnationalspieler Lothar Matthäus zurückblicken. Nicht als
Führungsspieler der Nationalmannschaft, sondern als Führungskraft der Sportartikelbranche. Von 1994 bis 2014 hat er keine WM
verpasst. In den USA, Frankreich, Korea/Japan, Deutschland, Südafrika und Brasilien hat er ebenso Geschäftspartner getroffen und
wichtige Verträge an Land gezogen wie bei den Olympischen Spielen
in Atlanta, Athen, Peking und London.

Er saß live im Stadion, als Mario Götze die deutsche Fußballnationalmannschaft am 13. Juli 2014 in den siebten Himmel schoss.
Und uns gleich mit. Und als der Sprintstar Usain Bolt am 5. August
2012 um 21:50 Ortszeit einen olympischen Rekord aufstellte, war
er wieder live dabei. Außerdem bei unzähligen anderen Veranstaltungen. Der Unterschied zu einem normalen Sportfan: Einige Zeit

vorher verhandelte Klaus Jost im Auftrag der Intersport eG noch mit dem damaligen Vorstandsvorsitzenden der Adidas AG, Herbert Hainer. Das ist nichts Ungewöhnliches für einen Sportartikelmanager dieser Größenordnung.

Besonders bei sportlichen Highlights ist Präsenzpflicht angesagt. Denn bei Olympia, WM und Co. tummeln sich die wichtigen Menschen der Branche. Sehen und gesehen werden lautet für viele das Motto. Das ist nicht unbedingt Klaus Josts erstes Ziel bei solchen Besuchen. Er vollführt bei solchen Wettkämpfen einen speziellen Triathlon:

1. Intersport repräsentieren.
2. Geschäfte machen.
3. Sportliche Wettkämpfe erleben.

In dieser Reihenfolge. Klaus Jost kennt die Mechanismen der Sportindustrie und die Verknüpfung mit dem Sport wie kaum ein anderer. Zahlen und Leistungssport sind die perfekte Kombination für ihn.

Gerade die Fußball-WM in Brasilien war ein besonderes Erlebnis für den alten Hasen in der Branche. Nicht nur, weil Deutschland Weltmeister wurde und es Klaus Josts letztes Großereignis in seiner Funktion bei Intersport war. Nein, die Kombination aus dem Event, der Stadt und dem Land an sich lassen Klaus Jost im Nachhinein noch schwärmen.

»Der Blick auf die Jesus-Statue hat mich sehr berührt. Vor allem abends beim und nach dem Sonnenuntergang. Der ›Cristo Redentor‹ wird angeleuchtet. Ein Wahnsinnsblick. Auch innerlich. Als Christ auf Jesus zu gucken und zu denken: Das ist mein Jesus. Also nicht der, der da in Stein gemeißelt ist, sondern der, der immer und überall in unserer Welt sichtbar und erlebbar ist.«

Und der Blick zu diesem Jesus ist für alle frei. Für die Einhei-
mischen und für die »Touris«. Für die Armen und für die Reichen.
Die Armen des Landes Brasilien hat Klaus Jost auch besucht. Unter
Polizeischutz und mit Bodyguards sind Klaus Jost und andere
Sportfunktionäre und -manager in die Favelas von Rio gefahren.

»Die Favelas gehören auch zu Rio«, sagt er. »Auf der einen Seite
spürt man deutlich, dass es den Menschen dort materiell nicht gut
geht, aber viele machen das Beste daraus. Trotz Armut und Pers-
pektivlosigkeit wird in diesem Teil von Rio nicht nur getrauert. Im
Gegenteil. Die streichen ihre Häuser bunt an und strahlen genauso
Lebensfreude aus wie anderswo. Brasilien, wie andere Länder auch,
ist ja ein Land der Gegensätze. Wir sind während der WM vier
Stunden bis nach Manaus, der kriminellsten Stadt Brasiliens, geflo-
gen. Zwei Flugstunden ging es nur über Urwaldgebiete. Wahnsinn.
Was für eine Natur. Da hatte es 35 Grad und die Luftfeuchtigkeit
lag wohl bei 90 Prozent.«

Klaus Jost bekommt Einblicke, die anderen verwehrt bleiben
und die jeden Fußballfan wohl vor Neid erblassen lassen würden.
Denn als wichtiger Geschäftspartner von Adidas, Puma oder Nike
wird er von den Sportartikelhersteller-Giganten besonders zuvor-
kommend behandelt. Auch bei der WM in Brasilien.

Am Tag des Endspiels bekommt die Chef-Delegation einige
Stunden vor dem Finale noch eine exklusive Stadionführung; sie
dürfen in das Allerheiligste, die Kabine der deutschen Nationalmannschaft. Und dort, wo sich wenig später Thomas Müller und
Manuel Neuer auf den WM-Triumph vorbereiten, hängt ein Trikot
mit dem Namen Jost auf dem Rücken. Als offizieller FIFA-Partner
hat Adidas viele Möglichkeiten.

Aber trotz dieser Annehmlichkeiten: Die medialen Großereig-
nisse wie WM und Olympia belegen bei Klaus Jost persönlicher

Eventliste nur Platz zwei. Eigentlich schlägt sein Herz für ein ganz anderes Event im Sportbereich: Und zwar für den GuthsMuths-Rennsteiglauf in Thüringen. Bei dem größten Crosslauf Europas treffen sich jährlich mehr als 15 000 Läuferinnen und Läufer.

Der Rennsteiglauf ist Klaus Josts Herzensveranstaltung.

Klaus Jost ist seit 2003 mit dabei. In den ersten zwei Jahren ohne Laufequipment, sondern einzig, um als Hauptsponsor bei der Siegerehrung mitzuwirken. Später läuft er dann mit großer Begeisterung selbst mit. Der Manager in Sportschuhen. Hier fühlt sich Klaus Jost wohl. Raus aus dem Anzug, einfach unter das Sportlervolk mischen. Laufen, alles geben, ins Ziel kommen und sich dann verschwitzt durch die Massen drängeln, um die eigene Platzierung auf den vielen ausgehängten Listen zu suchen.

Denn anderen beim Sporttreiben zuzugucken, ist schön, selbst mitzumischen, ist viel schöner. Die Langstrecke hat Klaus Jost relativ spät entdeckt. Mit Mitte vierzig fängt er an zu laufen, nimmt sogar am New-York-Marathon teil, aber so richtig wohl fühlt er sich vor allem beim Rennsteiglauf in Thüringen.

Intersport ist dort einer der Hauptsponsoren und das ist zum großen Teil der Verdienst von Klaus Jost. »Ich wollte ein großes Event unterstützen, bei dem Intersport nicht nur den Namen hergibt. Ich wollte präsent sein, mit anpacken und auch die Mitglieder (Sportgeschäfte der Intersport-Gruppe) und Mitarbeiter von Intersport einbinden.« Es werden Busfahrten für die Mitglieder und deren laufbegeisterte Kunden zum Rennsteig organisiert. Teamweise melden sie sich an und nutzen die Zeit als Sportler und Sporthändler. Eine absolute »Win-win-Situation«. Der Lauf an sich bekommt mehr Zuwachs und die Mitarbeiter erleben hautnah, wofür Intersport auch außerhalb der Ladengeschäfte wirbt und steht.

Er hat einen Sonderstatus bei den Verantwortlichen des Rennsteiglaufs. Das merkt man sofort. Auch nach seinem Weggang von der Intersport eG wird er von den meisten Verantwortlichen sehr freundschaftlich und herzlich begrüßt. Sehen und gesehen werden. Das ist nicht selbstverständlich und zeigt einmal mehr, dass das authentisch-menschenzugewandte Auftreten von Klaus Jost ankommt.

Er ist einer von vielen. Und sticht trotzdem heraus. Ganz natürlich und unaufgeregt. Der kurze Small Talk mit Rosi Schulz, eine der Rennsteig e. V. Gründerinnen, ist ihm genauso wichtig, wie im großen Verkaufszelt von Intersport vorbeizuschauen. Preise checken, alte Handelspartner begrüßen, Eventluft schnuppern. Auch bei der abendlichen Party lässt er sich gerne sehen. Weil er die Atmosphäre liebt. 2017 läuft er erstmals mit einem seiner Söhne den Halbmarathon und ist mächtig stolz auf Gabriel, als der fünf Minuten vor ihm ins Ziel kommt.

Der Rennsteiglauf bietet genau die Komponenten, die Klaus Jost beim Sport wichtig sind:

1. Vielfalt: Wanderungen, Crossläufe für Kinder- und Jugendliche, der Special-Cross für Menschen mit Behinderung, Halbmarathon, Marathon und der Supermarathon über 72 km.

2. Er atmet Geschichte, hat eine lange Tradition, wird von leidenschaftlichen und geerdeten Sportlern organisiert und professionell umgesetzt.

3. Alle Generationen laufen mit, es purzeln Rekorde, Leistungssportler bereiten sich auf ihre Wettkämpfe vor, während der

80-jährige Rentner sich einfach nur fit hält und dabei so manchen Mittvierziger in die Schranken weist.

4. Das alles in einer wunderbaren Umgebung, mit viel Spaß und natürlich auch Party drumherum.

5. Das größte Argument für ein Sponsoring, bei dem besonders die Kritiker verstummen, die lieber Veranstaltungen mit höherem Glamourfaktor und mehr Promis sponsern möchten und den Kontakt zur Basis eher vermeiden: Die Intersporthändler machen mit dem Rennsteiglauf und den vielen tausend Teilnehmern einen Riesenumsatz.

Auch Adidas und Puma kommen nicht an Jost vorbei

Wirtschaft und Sport – eine fabelhafte Kombination, und ohne Leidenschaft ist sie für Klaus Jost nicht denkbar. »Das war schon immer so«, erklärt er. »Die Verzahnung von Sport und Industrie in Deutschland haben zwei leidenschaftliche Pioniere maßgeblich vorangetrieben: Rudolf und Adolf Dassler. Bei der Fußball-WM 1954 in der Schweiz hat Adolf Dassler mit Adidas die deutsche Fußballnationalmannschaft unterstützt und Schraubstollenschuhe zur Verfügung gestellt. Das war damals eine Sensation. Fußball war längst nicht so bekannt und beliebt wie heute. Die beiden haben es aus Leidenschaft getan. Der Erfolg hat ihnen recht gegeben.«

Die beiden Brüder haben sich schon während des Zweiten Weltkrieges zerstritten und trennen sich direkt nach dem Krieg. Adolf Dassler gründet die Marke Adidas, Rudolf Dassler die Marke Puma. Mit beiden Firmen hat Klaus Jost eng zusammengearbeitet. An denen will und kann er als Vertreter der größten mittelständischen

Verbundgruppe im weltweiten Fachhandel nicht vorbeikommen. Aber die beiden Global Player genauso wenig an Intersport. Und damit an Klaus Jost. Oft hat er sich mit den Offiziellen von Puma und Adidas getroffen. Und dabei Geschichte geatmet. Mit Adidas hat er in seinen Anfangszeiten oft in der alten Dassler-Villa in Herzogenaurach verhandelt.

Doch was nach entspannter Unterhaltung im netten Setting klingt, ist ein knallhartes Business. »Das waren harte Debatten«, erinnert sich Klaus Jost. »Aber immer fair und mit offenem Visier. Ich habe versucht, für meine Händler das Beste herauszuholen, Herbert Hainer für Adidas, Jochen Zeits für Puma und viele andere Verhandlungspartner für ihre Firmen. Das hat richtig Kraft gekostet, aber es war eine erfüllende Tätigkeit. Vor allem, wenn sich das Ergebnis der Verhandlungen sehen lassen konnte, mit einem kräftigen Handschlag besiegelt und später noch schriftlich fixiert wurde.«

Verhandlungen auf allerhöchster wirtschaftlicher Ebene erfordern Konzentration, Geschick und Durchhaltevermögen. Schließlich geht es um Millionen, die fließen oder eben nicht fließen. Vor allem im Sport ist viel zu holen. Klaus Jost hat selbst jahrelang mitentschieden, welche Sportartikel, Schuhe, Bälle oder Schläger verkauft werden und welche nicht. Welche Produkte von welchen Firmen bei Intersport verkauft werden oder nicht. Er hat entschieden, wo investiert wird und wo sich Intersport zurückzieht. Seine Erfahrungen haben ihn dazu gebracht, tiefer zu sehen und hinter die Kulissen zu schauen. Klaus Josts Meinung ist auch nach seiner Zeit bei Intersport gefragt. Er sitzt in diversen Aufsichtsräten oder berät Firmen und Einzelpersonen aus der Wirtschaft. Und er wird als Speaker angefragt. Seine Referate, Workshops und Vorträge sind nicht nur beim Fachpublikum gefragt. Wenn Klaus Jost über die Wirtschaft redet, dann hören ihm Menschen zu. Denn sie haben endlich mal das Gefühl, etwas zu verstehen, ohne mit Banalitäten oder Verallgemeinerungen abgespeist zu werden.

Und Klaus Jost sieht die Sportindustrie durchaus kritisch und hält damit auch nicht hinter dem Berg. Es gibt viele schwarze Schafe in der Sportbranche. Wo viel Geld ist, sind nicht nur ehrbare Geschäftsleute unterwegs. Dass die Branche des Leistungssports als Haifischbecken bezeichnet wird, liegt nicht zuletzt daran, dass die Wirtschaft in die verschiedenen Sportarten viel Geld pumpt und kräftig mitverdient.

Josts Branche ist ein Haifischbecken

Klaus Jost ist sich dessen bewusst. Und er schaut genau hin. Als Mensch, als Manager und als Christ. Von ihm hört man keine allgemeinen Worthülsen wie: »Die Geschäftswelt muss ehrlicher werden« und er würde auch nie die »Fünf wichtigsten Eigenschaften eines christlichen Leitungsstils« herunterrattern.

Dazu ist er zu lange im Geschäft, war zu weit oben und kennt viele Situationen, in denen man Entscheidungen treffen muss, die zwar mit Gottes Hilfe getätigt werden, aber dennoch mit vielen individuellen Mechanismen einhergehen, die nicht zu verallgemeinern sind. Das wird besonders deutlich, wenn er die ethischen Probleme der Verzahnung von Sport und Industrie in drei Punkten zusammenfasst:

1. *Es geht damit los, dass die Industrie dort spendabler ist, wo die Wirtschaftsinteressen größer sind. Fußball interessiert immer, aber andere Sportarten sind nur alle vier Jahre interessant, wenn sie durch die Olympischen Spiele ins Rampenlicht gerückt werden. Deshalb bekommen viele Randsportarten von Sponsoren im*

besten Fall Materialverträge und werden auch öffentlich wenig gefördert. Damit nimmt die Wirtschaft Einfluss auf die Sportarten. Das ist logisch, aber nicht so optimal.

2. Die Firmen nehmen durch ihre Produkte und durch die Sportler, die Werbung für diese Produkte machen, Einfluss auf die Erziehung. Es hängen die Kinder ihren Eltern am Rockzipfel und sagen: »Ich will aber unbedingt den Schuh, den trägt Cristiano Ronaldo auch, die anderen mag ich nicht.« Und die alleinerziehende Mutter muss dann 100 Euro für den Schuh ausgeben statt der 50 Euro, die auch okay gewesen wären. Wenn die Industrie zu viel Einfluss auf die Nachfrage und damit auch den Verbrauch nimmt, dann ist das objektiv gesehen, zumindest für die gesellschaftliche Entwicklung, nicht förderlich.«

3. Und wenn es um Geld geht und das Geld nur da fließt, wo auch die Leistung stimmt oder zumindest die Aufmerksamkeit gesichert ist, dann muss man auch das Thema Doping und Korruption ansprechen. Das ist ein großes Problem, muss aber auch differenziert betrachtet werden. Besonders bei uns in Deutschland, denn vor allem im Leistungssport und in der Wirtschaft wird international gedacht. In den knapp 210 Staaten der Welt gilt eben nicht das deutsche Recht. Und sobald Weltmeisterschaften ausgerichtet werden, sich Sportler mit der ganzen Welt messen dürfen und die Industrie den Markt erweitert, kommen auch andere Länder mit ihren Rechtsauffassungen ins Spiel. Und in dem einen Land ist Korruption gar nichts Böses, sondern normal, und in dem anderen Land sind die Dopinggesetze anders geregelt als bei uns.

Klaus Jost ist strikt gegen Korruption und Doping und sehr dafür, dass man sie bekämpft. Mit allen Mitteln. Doch wenn man als Manager lange international und mit den Funktionären und

Mächtigen des Sports verhandelt hat, bekommt man einen anderen Blick für das Thema und tut sich schwer, sofort mit dem Finger auf andere Staaten zu zeigen und zu sagen: »Die dürfen aber nicht mitmachen.« Zumal man kein Prophet sein muss, um zu wissen, dass auch in Deutschland Sportler mit verbotenen leistungssteigernden Mitteln arbeiten.

Der Blick hinter die Kulissen des Sports bringt Weitsicht und Ernüchterung

Diese Kritik an der eigenen Szene, ohne auf andere Firmen, Konzerne, Organisationen oder Einzelpersonen einzuhämmern, macht Weitsicht aus, und darin wird auch eine gewisse Ernüchterung sichtbar. Klaus Jost weiß: Für die Industrie sind bekannte Leistungssportler vor allem potenzielle Einnahmequellen. Deshalb ist ein Spitzensportler für Firmen so lange interessant, wie er Leistung bringt. Und falls er oder sie noch Charisma, also eine besondere Ausstrahlung mitbringt, umso besser. Bestenfalls stimmt beides: die Leistung und die Strahlkraft; das gibt es allerdings nur bei wenigen Sportlern.

Außerdem setzen die Firmen nicht nur auf die schon bekannten Sportler. Trendscouts sind weltweit unterwegs und suchen die Weltmeister und Olympiasieger von morgen, die talentierten 12- und 13-jährigen Sportlerinnen und Sportler. Denn wenn man die erst unter Vertrag nimmt, wenn sie schon Weltmeister sind, dann wird es richtig teuer.

»Die potenziellen Weltmeister zu erkennen, das ist die Kunst«, sagt Klaus Jost. »Diese Vorgehensweise ist im Fußball am meisten vorangeschritten, aber das macht auch jeder Skihersteller so. Das einfachste Vertragswesen für Talente ist ein Ausrüstungsvertrag. Da wird festgelegt: Du bekommst z. B. im Jahr sechs Paar Ski und drei Paar Skischuhe und dann schauen wir mal. Wenn der Sportler erfolgreich wird, geht es irgendwann auch ins Geld.«

Die Industrie muss immer den Spagat hinbekommen: Wie lange zahle ich einem Sportler Geld, auch wenn die Leistung nicht mehr stimmt? Das bedeutet: Die Verträge werden in der Regel immer kürzer, damit die Firmen nicht so viel Risiko eingehen.

Das ist ein knallhartes Geschäft und macht auch vor persönlichen Tragödien nicht halt, wie es am Beispiel des ehemaligen Radprofis Lance Armstrong deutlich wird.

Der war ein gefeierter Held, die Ikone von Nike, weil seine Geschichte genauso gut in Hollywood hätte gestrickt sein können: Nach einer Krebserkrankung kämpft er sich zurück und wird der bekannteste und erfolgreichste Radprofi der Welt. Sein Spendenarmband mit einem Erlös für die Krebsstiftung *Livestrong* wurde in der ganzen Welt verkauft. Auf dem Nike-Campus im Headquarter in Beaverton/USA wurde ein Haus nach ihm benannt.

Und dann? Der Absturz. Der Dopingskandal. Mal abgesehen von der persönlichen Tragik war es für Nike irgendwann nicht mehr möglich, ihr berühmtes Testimonial zu halten. Es gab Demonstrationen vor der Zentrale. Schließlich wurde das *Lance Armstrong Fitness Center* umbenannt. So schnell geht das. So hart ist der Markt. Und so groß ist die Verführung, oben mitzumischen. Mit allen Mitteln.

2006 ist Klaus Jost noch gegen den ehemaligen Topstar im sportlichen Wettkampf angetreten. Beim New-York-Marathon. »Lance und ich«, sagt er lachend. »Na ja, ich habe ihn nur von Weitem gesehen. Während wir schon Stunden vor dem offiziellen Start da sein mussten und in der Kälte gefroren haben, ist er irgendwann

gemütlich mit seinem Tourbus vorgefahren.« Neidisch ist Klaus
Jost nicht.

Wenn man zu sehr hinter die Kulissen schauen darf, dann wird
man nicht nur desillusioniert, sondern lernt den ganz normalen
Breitensport im ganz normalen Sportverein wieder neu schätzen.
Den sieht Klaus Jost als ein wichtiges gesellschaftliches Rückgrat.
Hier werden nicht nur Kinder gefördert, sondern Vereine bilden
durch Feste und gemeinnützige Aktionen eine wichtige soziale Säu-
le. »Wenn ich Kinder sehe, die Fußball spielen, und diesen Einsatz erlebe, ohne Kalkül und ganz unverstellt, dann schaue ich mir
das mittlerweile lieber an als ein Bundesligaspiel im Stadion«, sagt
Klaus Jost. »Das ist für mich echter Sport. Natürlich können sich
auch Profifußballer noch freuen, aber da schwingt bei mir manchmal ein fader Beigeschmack mit. Im Dorfverein geht es wirklich
noch um den Sport und die Gemeinschaft.«

Klaus Jost ist nicht mehr Teil der Siegerehrung beim Rennsteiglauf – das verursacht mitunter einen kleinen Stich

Das ist auch ein Grund, warum sich Klaus Jost immer noch beim
Thüringer Rennsteiglauf blicken lässt und sogar mitläuft. Denn
dort stimmt die Mischung zwischen dem sportlichen Ehrgeiz und
dem wahren Geist des Sports. Intersport ist immer noch einer der
Hauptsponsoren. Klaus Jost ist allerdings bei der Siegerehrung
nicht mehr in offizieller Position dabei. Das versetzt ihm auch Jahre
nach seinem Ausstieg bei Intersport ab und an noch einen kleinen
Stich. Denn er liebt den Sport und die Sportartikelindustrie, macht

sich Gedanken, wie die Zusammenarbeit zwischen Veranstalter und Hauptsponsor noch optimiert werden kann.

Ideen hat er genug. Und Kondition auch. 2017 wird er 99. in seiner Altersklasse. Und das, obwohl er an einer Knieverletzung laboriert.

Klar, Klaus Jost hat schon viel von der Welt gesehen. Er war bei mehreren WM-Endrunden und bei mehreren Olympischen Spielen. Er liebt vor allem das 100-m-Sprint-Finale der Herren. 2004 zum Beispiel, bei den Spielen in Athen, da »hat ein Amerikaner kurz vor dem Start noch Sirtaki getanzt. Es war eine Megastimmung im Stadion.« Der Moment, wenn es heißt »quiet please«, dann die Stille, der Startschuss, diese kurze, aber so aufgeladene Zeit des Laufes und der Jubel, wenn die Sprinter im Ziel sind.

Viel Glamour, viele Promis. Teil des Business. Das alles ist faszinierend. Aber das Herz von Klaus Jost schlägt vor allem für den Rennsteiglauf. Und für die Langstrecke an sich. Im Sport und im beruflichen Leben. Der schnelle Erfolg ist schön, aber meistens auch schnell vorbei. Das Blitzlichtgewitter leuchtet hell, kann aber auch ganz schön blenden.

Klaus Jost ist ein Langstreckenläufer. So lange es irgendwie geht, wird er mitlaufen. Beim GuthsMuths-Rennsteiglauf und im richtigen Leben. Auch wenn ihm mal übel mitgespielt wird.

Randnotizen

von *Herbert Hainer, bis 2016 Vorstandsvorsitzender der Adidas AG*

… Ich kenne Herrn Jost seit ca. zwanzig Jahren als Geschäftspartner und möchte sagen, dass er ein sehr kompetenter, fleißiger, zuverlässiger und absolut ehrlicher Geschäftspartner war, der immer danach getrachtet hat, dass beide Seiten aus der Geschäftsbeziehung einen Vorteil ziehen.

… Herr Jost ist ein sehr ernster, überlegter, nachdenklicher Mensch, der immer versucht, das Positive im Menschen zu sehen und immer eher nach Lösungen als nach Problemen schaut. Er ist keiner, der einen ganzen Tisch mit Witzen und Geschichten unterhält, aber es hat immer Spaß gemacht, sich mit ihm zu unterhalten und auseinanderzusetzen.

… Ich habe sehr gerne mit ihm zusammengearbeitet und ihn als Geschäftspartner wie auch als Mensch sehr geschätzt.

… Außerdem bewundere ich an ihm, mit welcher Kraft und welchem Mut er die vielen Schicksalsschläge in seiner Familie meistert.

… Ich hatte viel Kontakte und Begegnungen mit Herrn Jost, aber gerne erinnere ich mich an unsere gemeinsame Reise zur Fußball-Weltmeisterschaft 1994, wo wir in einer Gruppe mit anderen Sporthändlern (auf Einladung von Adidas) 10 Tage durch die USA gereist sind und ich

Klaus Jost so richtig kennengelernt habe. Er war noch nicht lange bei Sport2000, dem kleineren der beiden großen Sportfachhandels-Verbände, und am Anfang etwas scheu, zurückhaltend und ein bisschen ein Einzelgänger. Er ist aber an jedem Tag ein bisschen mehr aufgetaut und am Ende hat es richtig Spaß gemacht.

4

VON ENTSCHEIDUNGEN UND HERAUSFORDERUNGEN

»Das schaffst du eh nicht!«

Es war nur diese eine Aussage. Mehr hat es nicht gebraucht, um Klaus Jost herauszufordern, damals im Jahr 2006. Als Präsident der Intersport International und Vorstand der Intersport Deutschland eG löste er Herausforderungen mit großer Ausdauer und meistens in Anzug und Krawatte. Auf diesen hemdsärmeligen Spruch eines Freundes zu reagieren, kostete Jost auch viel Ausdauer, allerdings in kurzer Hose und Sportschuhen.

Sein Freund, Gunther Siebrecht, glaubte nicht, dass Klaus Jost den New-York-Marathon mitlaufen würde. Der findet jährlich am ersten Novemberwochenende statt und gehört zu den berühmtesten Laufevents der Welt. Bei einer geplanten Reise von Bernd Wahler zu diesem Marathon war ein Teilnehmer abgesprungen, folglich wurde ein Platz frei. Bei Klaus Jost verhallte die spitze Bemerkung nicht ungehört, sondern trieb den damals 45-Jährigen erst richtig an. Spontane Entscheidung: Jost läuft. Den New-York-Marathon.

Mit nur drei Monaten Vorbereitungszeit war das eine sehr große Herausforderung, trotz aller sportlichen Grundvoraussetzungen.

Aber Klaus Jost ging es an. »Es war das emotionalste Sporterlebnis, das ich je hatte«, erinnert er sich. »Gemeinsam mit fast 40 000 anderen Läufern stand ich ab sechs Uhr vor der Verrazano-Brücke. Ich habe den Sonnenaufgang gesehen. Wir mussten zwar vier Stunden auf den Start warten, aber der Lauf an sich entschädigt für alles. Super Stimmung und vor allem der Zieleinlauf im Central Park ist ein absolutes Gänsehauterlebnis.«

Der Zieleinlauf im Central Park war ein Gänsehauterlebnis

Bis zum Kilometer 25 gab es schon den einen oder anderen Moment, in dem Klaus Jost nicht ganz klar war, ob die Herausforderung eine Nummer zu groß war. Er kämpfte mit seinem inneren Schweinehund. Und gewann. Das sind die Risiken, die trotz guter Planung und Abwägung immer mit einkalkuliert werden. Diese Wagnisse erweitern Grenzen und sind notwendig, um weiterzukommen.

Klaus Jost braucht solche Herausforderungen. Sie sind das Salz in der Suppe des strukturierten Managers. Er ist kein Zocker, der mit anderen spielt. Im Gegenteil. Er wägt genau ab. Integre Entscheidungen sind für ihn wichtig. Und trotzdem möchte er auch mal überrascht werden. Nicht immer wissen, was kommt. Denn das kann auch langweilen.

Und Langeweile kann Klaus Jost nicht ausstehen. Deshalb verlegt er kalkulierte, aber doch risikoreiche Entschlüsse auch mal ins Privatleben. Und fährt einfach los. Mit der gesamten Familie in den Urlaub. Nach Spanien. Dreißig Stunden mit dem Auto. »Wir hatten vorher nichts gebucht und sind in Marbella völlig übermüdet aus dem Auto gepurzelt«, sagt er dazu. »Ich hatte die Hoffnung, vor Ort ein Häuschen zu buchen. Das ist normalerweise auch kein Problem. Meine Frau hatte nach der langen Fahrt berechtigterweise schlechte Laune, und als ich dann an der Rezeption eines Feriendorfes stand und mir die Dame sagte, dass sie keine Häuser mehr frei haben, wurde mir doch kurz anders.«

Aber nur ganz kurz. Klaus Jost blieb ruhig und das Risiko wurde belohnt. Familie Jost konnte noch in einem benachbarten Ferienpark eine private Villa mieten und verlebte einen wunderbaren Urlaub im sonnigen Südeuropa.

Jost läuft.

Auch im Geschäftsleben. Denn das ist voll von Momenten, in denen man noch so gut planen kann; am Ende ist nicht klar, wie es ausgeht. Im Jahr 2004 entscheidet sich Klaus Jost, Intersport nach Polen zu holen. Ein detaillierter Businessplan liegt vor, werthaltige Strukturen auch, aber ob es auch wirklich klappt, steht längst nicht fest. Intersport gibt es in unserem Nachbarland bis dahin noch gar nicht und Klaus Jost muss Pionierarbeit leisten. Von der Intersport International bekommt er grünes Licht. Er besucht Sporthändler, überzeugt sie und gewinnt den polnischen Markt. Kurz vor seinem Ausstieg kann er Intersport Österreich, die in eine wirtschaftliche Schwächephase gekommen war, übernehmen und mit Deutschland verschmelzen. Auch diese Entscheidung ging auf. Und zu den Österreichern gab es gleich Ungarn, Tschechien und die Slowakei dazu.

Auch längst bevor er für Intersport an den Verhandlungstischen sitzt, trifft er weitreichende Entscheidungen. Er gründet zusammen mit einer französischen Gesellschaft die Sport2000 International und legt damit den Grundstein für die weltweit zweitgrößte Kooperation selbstständiger Sporthändler.

Auch bei Personalentscheidungen ist nicht immer glasklar, welcher Entschluss der richtige ist. »Als ich einen Mitarbeiter aus dem Geschäft des größten Mitgliedes erst eingestellt hatte und dann mit dem Unternehmer telefoniert habe, um ihm diese Entscheidung zu erklären, da habe ich mich ganz schön warm anziehen müssen«, erinnert er sich. »Noch nie hat mich jemand so laut durch ein Telefon angebrüllt. »Was bilden Sie sich eigentlich ein, mir einen meiner besten Männer wegzunehmen«, hat der Geschäftsinhaber geschrien. Da wusste ich: Die Entscheidung war hart, aber richtig, denn wenn ich den Chef vorher um Erlaubnis gefragt hätte, hätte dieser mit aller Macht versucht, den Wechsel zu verhindern und dem wechselnden Mitarbeiter so eine große Chance verbaut. Aber trotzdem hat es dem Inhaber wehgetan. Und der Wechsel hat sich gelohnt. Der Mitarbeiter Peter Nickel ist heute schon lange Warenchef bei der Sport2000!«

Auch Nike hat Klaus Josts Entscheidungshärte zu spüren bekommen. Dazu muss man wissen, dass der amerikanische Großkonzern gerade in Europa mit sehr harten Bandagen einläuft. Das liegt daran, dass die Verantwortlichen sich nicht so übermäßig intensiv mit den europäischen Verbundstrukturen auseinandersetzen. »Die haben unsere Gruppe ›Union‹ (Gewerkschaft) genannt«, sagt Klaus Jost. »Die hatten gar kein Interesse daran, das System zu verstehen, und haben mir nun vorgeschlagen, die komplette Ware an eine Lieferadresse und damit an die Zentrale zu schicken, ohne dafür die notwendige Leistung zu bezahlen. Das war für Verbundgruppen damals aber viel zu kostenintensiv und das habe ich denen auch erklärt. Als Geschäftsführer der Sport2000 habe ich das nicht akzeptiert und war mir in dieser Entscheidung mit meinem Kollegen und Vorgänger bei Intersport, Hans Carl von Schönberg-Pötting, damals auch einig. Da waren wir trotz allem Wettbewerb der gleichen Überzeugung und Partner. Daraufhin hat Nike uns beiden den Vertrag und damit die Zusammenarbeit gekündigt.«

Diese Entscheidung war erst einmal mit Verlusten verbunden, denn Nike machte einen Umsatzanteil von rund zehn Prozent aus. Da liefen auch die Händler Sturm und klagten Klaus Jost an: Wie kannst du so etwas machen?

Aber auch hier war sich Klaus Jost sicher: Wenn ich bei denen nachgebe, dann bekommen die anderen Lieferanten Wind davon und verlangen die gleichen Konditionen. Ein Jahr später wurde Klaus Jost von Nike ein neuer Vertrag mit weit besseren Konditionen wie zuvor angeboten. Die Härte hatte sich gelohnt.

Die Kraft zu Entscheidungen holt sich Klaus Jost auch aus seinem Glauben

Angst, dem Druck dieser ständigen Entscheidungszwänge irgendwann nicht mehr standzuhalten, hatte Klaus Jost nie. Nicht weil er sich für unbesiegbar hält, sondern weil er seinen Wert und seine wahre Kraft aus seinem Glauben holt.

»Du bist bedingungslos angenommen.« Diesen Satz, den er von seiner Mutter gehört hat, verortet er auch bei Gott. Als Zuspruch für uns Menschen. Denn der Grundsatz, das Fundament und der damit einhergehende Kern des christlichen Glaubens sind für Klaus Jost klar: »Ich weiß, dass ich von Gott, dem Schöpfer des Himmels und der Erde, geliebt und gewollt bin. Einfach so, wie ich bin. Als Mensch und nicht wegen meines Geldes, der Macht, des Erfolgs, sondern voraussetzungslos. Und im Umkehrschluss bin ich nicht weniger wert, wenn der Erfolg ausbleibt, wenn ich Fehler mache oder mein Ansehen leidet.«

Solche und ähnliche Aussagen hört man von Klaus Jost immer wieder. Er macht keinen Hehl aus seinem Glauben. Egal ob er mit einem Journalisten der Süddeutschen Zeitung spricht oder beim CVJM-Männertag ein Referat hält. Er achtet dabei genau auf seine Wortwahl. Denn wenn jemand seinen Wert aus der bedingungslosen Liebe Gottes heraus definiert, dann könnte man daraus ableiten, dass es eventuell egal ist, ob man falsche oder richtige Entscheidungen trifft, am Ende wird man von Gott doch wieder rausgehauen.

Aber genau das passt mit dem Glaubensverständnis des Klaus Jost so gar nicht zusammen. Er zieht seine Kraft und seinen Wert zwar aus der Beziehung zu Gott, das entbindet ihn aber noch lange nicht aus der Verantwortung für sein Tun und Handeln. Ethisch korrektes Verhalten aufgrund der Liebe Gottes ist der Maßstab, nach dem Klaus Jost lebt. Denn so lautet der Schöpfungsauftrag der Bibel: bebauen und bewahren.

Wir dürfen in dieser Welt aktiv werden, die Ressourcen nutzen, Handel und Wandel betreiben, aber nur in dem Maße, wie es für uns als Geschöpfe und für unsere Umwelt gut ist. Das klingt einfach, ist aber schwer umsetzbar. Wir erleben es tagtäglich. Im Großen und im Kleinen.

Wo hört die Nutzung auf und wo fängt das Ausnutzen an?

Ethisch korrektes Handeln aufgrund der Liebe Gottes ist ein Maßstab, nach dem Klaus Jost lebt

Schöpfung bedeutet Natur, Umwelt, das, was die Erde uns zur Verfügung stellt. Und dabei wird direkt deutlich, wie schwer dieser Auftrag, ethisch zu handeln, umsetzbar ist.

Zum Beispiel: Es kann nur so viel Erdöl gewonnen werden, wie die Erde zur Verfügung stellt. Aber: Wir Menschen übertreiben maßlos. Auch beim Thema Waldsterben, Plastikproduktion oder CO_2-Ausstoß ist das so: Theoretisch ist jedem klar, dass die Ressourcen irgendwann erschöpft sind und wir schleunigst umdenken müssen. Aber es ändert sich wenig. Der »Earth Overshoot Day« (Weltüberlastungstag), also der gedachte Tag des Jahres, an dem die Ressourcen des kompletten Jahres aufgebraucht sind, rückt immer weiter nach vorne. Ab diesem Moment arbeiten wir ins Minus. Und dieser Tag wandert mit jedem Jahr weiter nach vorne. Von Dezember, November, Oktober, September … Wie ein Countdown, der langsam runtertickt.

Und trotzdem fällt es schwer, dagegenzusteuern. Auch in der Wirtschaft ist ein Umdenken erforderlich, auch im Hinblick auf Gerechtigkeit, dessen ist sich Klaus Jost sicher: »Das ist doch eine ganz einfache Rechnung. Wenn wenige Unternehmen, Firmen oder Einzelpersonen den Großteil der Gewinne unter sich aufteilen, dann bleibt für alle anderen wenig übrig. Das führt zu Unwillen und ist ungerecht. Deshalb habe ich mich mit Intersport bewusst für eine Verbundgruppe entschieden.« Der Kerngedanke einer solchen Verbundgruppe ist die Kooperation und somit ein freiwilliger Zusammenschluss von vielen Unternehmen. Sie treten gemeinsam auf, um ihre Wirtschaftlichkeit zu steigern und diese zu erhöhen.

Und sie versuchen, Solidarität auch wirklich zu leben. Klaus Jost hat auch hierfür ein Beispiel: »Intersport hat von einem Skilieferanten 10 000 Paar Ski geordert. Nur gut 7 000 davon wurden verkauft. Auf den restlichen sind wir erst einmal sitzen geblieben. Die wurden an die Zentrale geliefert und dann mit Verlust weiterverkauft. Das kam zum Glück nicht oft vor, aber andere Handelsunternehmen hätten ihre Macht missbraucht, den Lieferanten gezwungen, die 3 000 wieder zurückzunehmen und gesagt: ›Was schert mich mein Wort von gestern?‹ Aber ich finde Wortbruch schrecklich und deshalb habe ich in den sauren Apfel gebissen und die Skier behalten und reduziert weiterverkauft.«

Trotz der Verluste: Langfristig ist so eine Entscheidung doch wertvoll. Denn dadurch wird die Glaubwürdigkeit von Intersport gestärkt. Die halten sich an ihre Verträge und Versprechen. Das ist in diesen Zeiten Gold wert. So wird Solidarität praktisch. Mit allen Grenzen, die auch so ein System mit sich bringt. Für Klaus Jost liegt die Verantwortung gerade darin, sich zu engagieren und einzusetzen, an dem Platz, wo man ist. Dafür muss man kein Spitzenmanager werden, das gilt für jeden Menschen, egal ob er an Gott glaubt oder nicht. Egal, wie viel Geld er verdient. Bebauen und bewahren zu dürfen, ist eine Verantwortung und ein Privileg.

Als Christ stehst du nicht im Verdacht, goldene Löffel zu klauen, aber dir wird gerne fehlende Härte nachgesagt

Klaus Jost stellt sich der Verantwortung. Dort, wo er aktiv ist. Und das war lange Zeit bei Sport2000 und danach bei Intersport. »Ich habe nie ein Geheimnis daraus gemacht, dass ich Christ bin. Das hat Vor- und Nachteile mit sich gebracht«, sagt Klaus Jost. »Als Christ stehst du bei deinen Mitarbeitern und Geschäftspartnern praktisch nie im Verdacht, goldene Löffel zu klauen. Das ist gut! Aber du giltst im Gegenzug per se erst mal als so eine Art Weichspüler. Und das ist im knallharten Geschäftsleben ein Nachteil.«

Klaus Jost steht wahrlich nicht in der Gefahr, lasch zu entscheiden und nicht durchzugreifen. Im Gegenteil. Den Beweis hat er immer wieder angetreten. Und dabei hat er es doch mit anderen Problemen zu tun gehabt als die meisten Arbeitnehmer. Denn als Bestimmer über Millionenetats wurde ihm schnell klar, dass diese leicht dahergesagte christliche Verpflichtung zu tugendhaften Entscheidungen längst nicht immer einfach ist. Denn in manchen Situationen gibt es schlicht und ergreifend kein glasklares Richtig oder Falsch.

Als Christ in der Wirtschaft kann schnell das Bild eines unantastbaren Geschäftsmannes entstehen, der in jeder Situation Herr der Lage ist und genau weiß, wann und wie er zu entscheiden hat. Schlagworte wie »Werte hochhalten« oder »klare Kante zeigen« werden leider schnell zu leeren Worthülsen und bleiben gerne mal im Hals stecken, wenn man mit Situationen konfrontiert wird, die doch komplexer sind, als sie auf den ersten Blick scheinen. Dabei zeigt sich eine wirklich weise Entscheidung nicht unbedingt anhand der Schnelligkeit, in der sie getroffen wird, und ebenso wenig anhand der Deutlichkeit, mit der sie getroffen wird.

Beispiele dafür hat Klaus Jost genug: »Berechtigterweise werden im Bereich der Sportartikel immer wieder die Herstellungsprozesse in Asien angeprangert«, erklärt er. »Das ist auf den ersten Blick klar: Diese Bedingungen sind teilweise menschenunwürdig und ich habe alles in meiner Macht Stehende dafür getan, um diese Bedingungen zu verbessern. Wenn man einen zweiten Blick riskiert, dann ist es schon schwieriger, aktiv zu werden. Denn was passiert, wenn beispielsweise Kinder nicht in den Fabriken arbeiten, in denen Sportbekleidung hergestellt wird?«

Die Antwort kennt Klaus Jost selbst: »Manche gehen auf den Strich, andere werden woanders ausgebeutet oder hängen zu Hause arbeitslos rum. Da verdienen sie auch nicht mehr, müssen aber oft abscheuliche Dinge über sich ergehen lassen. Oder sie arbeiten in einem Steinbruch. Was macht man als Entscheider in so einer Situation? Kauft man Produkte von Firmen, die unter solchen Bedingungen herstellen lassen, oder boykottiert man diese Hersteller und hilft mit diesem Boykott aber nicht den Angestellten? Im Gegenteil – die müssen bei weniger Aufträgen für noch weniger Lohn arbeiten.«

Schwierig.

Ein Boykott von Firmen, die menschenunwürdige Arbeitsbedingungen bieten, ist leichter gesagt als getan

Das kann auf die verschiedensten Entscheidungsbereiche übertragen werden. Klar haben Firmen wie Adidas oder Nike eine höhere Selbstverpflichtung und müssen auf humanitäre Herstellungswege achten und, wenn nötig, auch von außen darauf hingewiesen werden. Aber sie sind auch angreifbarer als Firmen oder Personen, die unter dem Radar agieren können.

Klaus Jost war vor Ort, hat sich oft genug ein eigenes Bild von den Produktionsstätten gemacht und bei der Preisfindung lieber 50 Cent mehr gezahlt, um die Menschen am Ende der Herstellungskette zu motivieren und so eine bessere Qualität zu bekommen. In diesen Situationen entschied Klaus Jost nach bestem Wissen und Gewissen. Er wusste genau, dass er es damit nicht allen recht macht. Aber von ihm wurde Verantwortung verlangt. Und die hat er wahrgenommen. Mit Selbstbewusstsein, Demut und manchmal mit dem schwierigen Gefühl, ein System zu unterstützen, das durchaus in Kauf nimmt, nicht alle Regeln der Solidarität und Nächstenliebe zu achten.

Aber allein die Tatsache, dass er sich so eine Gefühlslage eingesteht und offen damit umgeht, zeigt schon, dass er seinen Job ernst nimmt und damit ein realistisches Bild von der Geschäftswelt zeichnet. Denn wenn jemand behauptet, in jeder Lage zu 100 Prozent von seiner Entscheidung überzeugt gewesen zu sein, dann klingt das sehr unglaubwürdig.

Klaus Jost hat entschieden. Immer wieder. Weise und mit einem Risiko. Weil er genau wusste: Wenn ich in dieser Situation nicht entscheide und »rumeiere«, dann entscheide ich bald gar nichts mehr, sondern jemand anders. Und ob der dann menschenfreundlichere Entscheidungen trifft, ist fraglich.

Außerdem traf Jost seine Entscheidungen in erster Linie immer in seiner Funktion als Vorstand und nicht als Privatperson. Und dabei läuft man Gefahr, in viele Fettnäpfchen zu treten. Weil z. B. in Asien deutsche Kultur- und Wertemaßstäbe nicht bedingungslos gelten. In einer globalisierten Welt, in der, gerade im Bereich der Sportartikel, international gearbeitet wird, sind es auch die anderen Kulturen, die ernst genommen werden wollen. In manchen Regionen der Welt wird Ehrlichkeit als Schwäche ausgelegt. Da ist man versucht, sofort aufzuspringen und zu sagen: »Das darf nicht sein. Da müssen wir intervenieren, koste es, was es wolle.«

»Ja, bei so einer bequemen Sicht von außen ist das sicherlich die angemessene Reaktion«, entgegnet Klaus Jost schmunzelnd, um daraufhin sehr ernst zu werden. »Aber wenn man in Verhandlungen steht und Geschäftspartner frontal und total ehrlich, aber dennoch sehr undiplomatisch mit den schwer akzeptablen Arbeitsbedingungen seiner Mitarbeiter konfrontiert, dann kann aus so einer Aussage auch gerne mal eine unkomfortable Situation für die eigenen Mitarbeiter entstehen. Dann nämlich, wenn der Verhandlungspartner beleidigt einen Rückzieher macht und den nächsten Megadeal mit einem deiner Konkurrenten abschließt. Dann guckst nicht nur du in die Röhre, sondern auch ein Großteil deiner Mit-

arbeiter und damit auch deren Familien. Mich ärgert dieses vor-
schnelle Verurteilen von Zusammenhängen, die man als Laie gar
nicht durchschauen kann. Das sind dann häufig Moralapostel, die
mit dem Finger auf andere zeigen, aber selbst im Alltag nicht besser
sind und Billiglebensmittel und -klamotten kaufen.«

Wenn du allen gerecht werden willst, wirst du niemandem gerecht

Noch mal: Klaus Jost ist viel daran gelegen, fair zu spielen, und
er tut alles dafür, damit es denen, für die er Verantwortung übernimmt, gut geht. Aber wenn du allen gerecht werden willst, dann
wirst du niemandem gerecht.

Und es fällt mitunter schwer, das zu akzeptieren.

Auch das hat Klaus Jost schmerzlich erfahren. Als ein führendes
Fitness-Unternehmen in großen Schwierigkeiten steckte, bat der
damalige Verantwortliche um eine Vorfinanzierung. Intersport war
sein größter Kunde. Klaus Jost wollte gerne helfen, konnte aber
nicht. Denn die drohende Insolvenz war nicht mehr aufzuhalten
und innerhalb der Unternehmensführung gab es große Probleme.
Auch hier war Weitsicht erforderlich. Sie hatten danach die Insolvenz durchgezogen und backten zwar kleinere unternehmerische
Brötchen, aber dafür stimmten die Zahlen wieder.

Eine Intersport-Landesorganisation aus Skandinavien konnte
Jost dafür zur selben Zeit kurz vor der Pleite retten. Mit einem
Millionen-Kredit hat er den Kollegen aus Nordeuropa unter die
Arme gegriffen und damit die Basis für eine notwendige Restruk-
turierung geschaffen.

Und auch in solchen Situationen ist ihm sein Glaube an Gott eine große Hilfe. Denn er sieht seinen Werdegang als Berufung. Er ist dankbar für die vielen Annehmlichkeiten und Privilegien, die ihm sein Job beschert hat, und nimmt auch die Schattenseiten in Kauf.

Vor allem weiß er, dass er seine Sorgen und Probleme an Gott abgeben kann. Er kann sogar die Ängste und Missstände, die er weltweit in seinem Job wahrgenommen hat, vor Gott bringen und ihn zum Handeln auffordern. Das hilft, um Dinge zu verarbeiten und um den Kopf freizubekommen. Damit sind nicht alle Probleme gelöst, aber Klaus Jost weiß sie in guten Händen, und es ist ein Ventil, um den Kopf freizubekommen.

Dabei hilft ihm auch der Laufsport. In einem Interview, das beim gemeinsamen Joggen mit einem Journalisten entstand, sagte Jost seinerzeit: »Das Laufen bietet sich als Ausgleich zum Job einfach an, man kann überall und jederzeit laufen […] Man fühlt sich einfach fitter und wohler, man bekommt den Kopf frei und so manches kritische Schreiben wird beim Laufen gedanklich vorformuliert, die erhöhte Sauerstoffzufuhr fördert kreative Ideen und bringt ›Ordnung in die Gedanken.‹«[5]

In diesem Interview war auch der New-York-Marathon Thema. Und Klaus Jost hat ein kleines Geheimnis gelüftet. Denn selbst wenn er sportliche Herausforderungen annimmt: Manchmal legt er Wert auf ein kleines Netz oder einen doppelten Boden zur Absicherung. In seiner Laufhose waren 20 Dollar versteckt. Um notfalls mit dem Taxi zurück ins Hotel fahren zu können. Gebraucht hat er das Geld nicht.

Denn Jost läuft. Bis zum Ende. 42,195 Kilometer. In einer Zeit von 3 Stunden und 41 Minuten.

Klaus Josts Quick-Tipp –
Eine kleine Laufanleitung für Einsteiger

... **Sport ist die beste Medizin.** Den Slogan habe ich bei der Intersport für eine Langzeit-Fitnesskampagne kreiert. Er stammt aber im Kern eigentlich gar nicht von mir, sondern von vielen Ärzten, die ihren Patienten genau diesen Rat geben: Treiben Sie Sport. Die Frage nach der richtigen Sportart will ich Ihnen, ohne Sie genau zu kennen, nicht beantworten. Aber ich habe einen Tipp: Probieren Sie es mal mit dem Laufen. Denn der Laufsport ist für jedes Alter geeignet, relativ kostengünstig und kann ohne großen Aufwand und mit wenig Vorbereitung und Vorkenntnis durchgeführt werden. Natürlich setzt aber jede neue starke körperliche Belastung einen kleinen Fitnesscheck beim Arzt Ihres Vertrauens voraus!

... **Ein langsamer Einstieg ist wichtig.** Nehmen Sie sich anfangs kurze Strecken vor und steigern Sie die Laufzeiten langsam. Eine gute Einstiegszeit liegt bei 20 Minuten. Steigern können Sie nach dem Gefühl, wie schnell Sie aus der Puste sind (dabei können auch Puls-Messer helfen). Das gilt auch für das Tempo. Laufen Sie lieber mehrmals in der Woche kurze Strecken als eine lange und lassen Sie keine Jahreszeit aus. Denn Laufen macht von Januar bis Dezember Spaß. Besonders Winter- und Schneeläufe haben ihren Reiz.

… Laufen Sie wenn möglich direkt von zu Hause los und fahren Sie, wenn es eben geht, nicht erst kilometerweit mit dem Auto. Nicht jeder hat das Glück, in einer malerischen Gegend zu wohnen, aber auch die Großstadt hat ihre Reize. Suchen Sie sich vorher eine hindernisfreie und sichere Strecke aus. Besonders schöne Laufstrecken sind an Seen und Flüssen zu finden. Da fällt auch die Orientierung leichter, denn Gewässer werden selten von Abzweigungen und Kreuzungen unterbrochen.

… Setzen Sie sich kleine, erreichbare Ziele: Was will ich mit dem Laufen erreichen? Gewichtsmanagement? Einfach nur frische Luft für Herz-Kreislauf? Motivieren Sie sich mit Ihrem Ziel und bessern Sie nach. Wenn Sie eine Zeit lang gut unterwegs sind, macht es Sinn, höhere Ziele anzuvisieren. Wie wäre es mit der Anmeldung zum nächstgelegenen Stadtlauf? Oder das Erreichen des Sportabzeichens?

… Laufen Sie zu zweit. Eine gewisse Verbindlichkeit hilft, den inneren Schweinehund zu überwinden. Natürlich sind »Lauftreffs« immer eine gute Adresse, wenn Sie sich zeitlich darauf einstellen und die ersten Grundvoraussetzungen der Gruppe erfüllen können.

… Die richtige Ausrüstung ist wichtig. Zwei Paar Schuhe zum Wechseln sind gut für Ihre Füße. Jedes Modell ist anders und so werden Ihre Füße unterschiedlich beeinflusst. Und: Weiße Schuhe machen schneller. Hellere Farben suggerieren unterbewusst Leichtigkeit. Die Kleidung ist wetterabhängig zu wählen. Bitte keine Baumwolle, sondern Funktionsfasern. Grundsätzlich gilt: Besonders in den kalten Monaten lieber zu warm anziehen. Schützt vor Zerrungen und Erkältungen. Und natürlich kann ich als Sporthandelsmann immer nur empfehlen, sich in einem guten Fachgeschäft ehrlich beraten und mit den »wertigen« Produkten ausstatten zu lassen! Lieber wenige gute Materialien als viele »billige« …

… Genießen Sie die Zeit während und nach dem Lauf. Freuen Sie sich auf eine schöne Dusche danach und auf die Entspannung und das gute Gefühl, etwas für sich und Ihren Körper getan zu haben. Das motiviert!

5

UND DANN... NICHT MEHR GEFRAGT

Intersport – das war über ein Jahrzehnt Klaus Jost.
Doch das gilt nicht mehr. Erst wurde der bisherige
Vorstand entmachtet, nun gehen er und die Verbund-
gruppe getrennte Wege. Sportartikelhändler sind irritiert.[6]

Gespürt hat er es schon vorher. Intuitiv. Die Stimmung hatte sich
bei einigen entscheidenden Personen gedreht. Seine Sekretärin
nahm das auch wahr und fragte ihn: »Sagen Sie mal, merken Sie
denn nicht, was hier läuft?« Klaus Jost hat es zwar gespürt, aber
trotzdem immer gedacht: »Das können die doch nicht ernsthaft
machen.«

Doch. Sie konnten.

Die Entmachtung eines der mächtigsten Männer im Unternehmen wurde spätestens am 2. Oktober 2014 offensichtlich. Und
wenn Klaus Jost im Nachhinein öffentlich über die Frage nach-
denkt, was denn wirklich passiert ist, fallen ihm eine Menge Dinge
ein, die er dazu sagen könnte. Macht er aber nicht. Einerseits, weil

ihm das Unternehmen immer noch sehr am Herzen liegt und er durchaus weiß, dass seine subjektive Sicht nicht die ganze Bandbreite der »Causa Jost« widerspiegelt, sondern nur seine eigene. Und auf der anderen Seite will er einfach aufpassen, was er sagt. Es kommt ihm eben auf die Wahrheit an!

Das macht Mühe, aber es ergibt auch Sinn, denn es gehört zu seiner Geschichte. Es ist ein wichtiger Teil seines Lebens, und deshalb wird der Platz in diesem Buch auch freigeräumt für einen zeitlich gesehen kleinen Teil seines Lebens, der aber in der Intensität und der Nachwirkung einen relativ großen Teil seiner Biografie einnimmt.

Es war eine Intrige, wissen viele Insider. Wenn Klaus Jost alleine diesen Satz sagen würde, könnte es Probleme geben. Er sagt ihn aber nicht. Auch wenn er stimmt.

»Der Jost ist doch zu konservativ.« Solche Sprüche aus der Führungsetage kamen ihm über Umwege zu Ohren. Andere behaupteten von sich: »Ich bringe euch besser in die Zukunft.«

Sprüche wie »Der Jost ist doch konservativ« kamen Klaus Jost über Umwege zu Ohren

Das ist auch überhaupt kein Problem. »Wenn ich das Gefühl habe, es geht nicht mehr, dann bin ich der Letzte, der sich bei einer neuen Lösung querstellt«, sagt er dazu. »Oder wenn jemand zu mir gekommen wäre und gesagt hätte: ›Klaus, du hast 15 Jahre einen großartigen Job gemacht, aber wir haben jetzt andere Pläne und die haben wenig mit dir zu tun‹, dann hätte ich das auch geschluckt. Denn so läuft das normalerweise. Nichts ist auf die

Ewigkeit angelegt und gerade in der Wirtschaft muss man sich trennen können.«

Aber in seinem Fall ging es nicht darum, dass Klaus Jost einen schlechten Job gemacht hatte, zu alt oder in irgendeiner anderen Form angreifbar war. Da sind sich die Sportbranche und Klaus Jost sicher. Denn ansonsten hätte man diese Punkte ansprechen können und hätte nicht den gut geplanten Umweg über eine sogenannte »Strukturveränderung« des Unternehmens nehmen müssen. So hat Klaus Jost die Abfolge der Ereignisse empfunden.

Bereits ein Jahr vorher hatte der neue Aufsichtsrat der Intersport Deutschland eine Unternehmensberatung engagiert, mit dem Ziel, die Unternehmensführung zu überprüfen und eine neue Organisationsstruktur zu erarbeiten. Als Kontrollgremium ist das sein gutes Recht.

Diese neue Struktur sah vor, dass es anstatt der vorherigen zwei Vorstandsbereiche (die von Klaus Jost und einem Kollegen gleichberechtigt in einer Doppelspitze verantwortet wurden) drei Vorstandsbereiche mit einem Vorstandsvorsitzenden geben sollte, der die Gesamtführung verantwortete. Und dieser neue Vorstandsvorsitzende sollte Klaus Josts Kollege werden. Während Jost bisher für das Marketing, den Vertrieb, das Sortiment, den Einkauf und die Intersport International zuständig war und sein Kollege sich um die IT und Finanzen gekümmert hatte, sollte Jost zwar zum Schein im neuen Vorstand bleiben, allerdings nur noch eine untergeordnete Rolle spielen.

Klaus Jost erfährt davon erstmals offiziell in einem Meeting am 2. Oktober. »Das war sehr unschön«, erinnert er sich. »Im Rahmen einer durchgestylten Präsentation sah ich dann bei der PowerPoint-Folie xy, was das Ganze für mich bedeutete. Ich habe kurz überlegt, zu intervenieren und eine große Welle zu machen, aber das hätte absolut nichts gebracht.«

Denn die neue Struktur war vorher ausdrücklich nicht als Diskussionspapier, sondern als Entscheidungspapier angekündigt. Klaus Jost stimmte der Entscheidung nicht zu. Er kann gar nicht zustimmen, denn sein Rausschmiss war in diesem Moment beschlossene Sache.

Aber Klaus Jost ist zu diesem Zeitpunkt immer noch Präsident von Intersport International.

Ich kann nicht weltweit auf einem Topniveau verhandeln und dann am Ende sagen: »Ich muss jetzt erst noch mal nach Hause gehen und die Entscheidung, die wir international besprochen haben, von meinem neuen deutschen Chef absegnen lassen.«

Dieses Amt hat zwar mit dem deutschen Aufgabenbereich formal nichts zu tun, hat aber eine deutliche Signalwirkung. Dessen war sich Klaus Jost immer bewusst. »Wenn du in deinem Heimatland abgewählt wirst, dann kannst du kein Weltpräsident mehr sein. Ich kann nicht weltweit auf einem Topniveau verhandeln und dann am Ende sagen: ›Ich muss jetzt erst noch mal nach Hause gehen und die Entscheidung, die wir international besprochen haben, von meinem neuen deutschen Chef absegnen oder ändern lassen.‹ Dann sagen meine Verhandlungspartner: ›Dann schick uns doch bitte gleich deinen Chef-Entscheider.‹«

Das war allen Beteiligten natürlich klar, war sogar Teil des Kalküls, glauben die Insider.

Das sind die strategischen und praktischen Auswirkungen der Entscheidung, die sicher im Aufsichtsrat und bei seinem Kollegen gut bedacht waren. Die Entmachtung scheint also sehr geplant. Und eingepackt in eine neue Organisationsstruktur.

In einer Pressemeldung im November 2014 begründet Intersport die Entscheidung folgendermaßen:

> Anfang Oktober hatte sich Intersport eine neue Organisationsstruktur mit drei Vorstandsressorts gegeben, um den aktuellen und zukünftigen Herausforderungen des Marktes bestmöglich begegnen zu können. Der neu geschaffene Bereich eines Vorstandsvorsitzenden mit stärkerem Fokus auf die Mitgliederinteressen ist Kim Roether angetragen worden. Den Vorstandsbereich Ware, Marketing und Vertrieb sollte Klaus Jost weiterführen.[7]

Und zur Frage, warum plötzlich ein Vorstandsvorsitzender dem dreiköpfigen Vorstand übergeordnet werden sollte, sagte Kim Roether in einer der führenden Fachzeitungen für Sporthändler, der SAZ: »Es geht nicht um einen einzelnen Vorstandsvorsitzenden, sondern um einen dann dreiköpfigen Vorstand. Die Berufung eines Vorsitzenden für dieses größere Vorstandsorgan ist die logische Konsequenz ... «[8]

An diesem 2. Oktober wird Klaus Jost nicht entlassen. Er kündigt auch nicht. Und trotzdem ist er raus. Denn der Aufsichtsrat setzt diese Entscheidung sofort um. Und begeht damit einen Vertrauensbruch. Denn bei Josts Bestellung im Jahr 2000 ist eine zentrale Vereinbarung mit dem damaligen Aufsichtsrat, dass er keinen Vorstandsvorsitzenden vor sich hat. Im aktuellen Vorstands-Geschäftsverteilungsplan steht genau drin, für welche Bereiche er Verantwortung hat und für welche nicht. Eine Vertragsveränderung müsste einmütig beschlossen werden. Doch Jost willigte nie ein, wie sein Anwalt Prof. Dr. Stefan Nägele feststellte..

Enttäuschung macht sich breit. Klaus Jost fühlte sich hintergangen. Und als dann auch noch einer der Aufsichtsräte zu ihm sagt: »Herr Jost, dann haben Sie mehr Zeit für Ihre Frau«, muss er sich deutlich zusammenreißen, um die Contenance zu bewahren. Denn so eine Aussage fühlt sich abwertend an. Die Krankheit seiner Frau als Verharmlosung der gerade getroffenen Entscheidung zu benutzen, zeugt wirklich nicht von einer wertschätzenden Haltung.

Bei Aussagen wie »Herr Jost, dann haben Sie mehr Zeit für Ihre Frau« muss er sich deutlich zusammenreißen, um die Contenance zu bewahren

Haltung bewahrt Klaus Jost in den darauffolgenden Wochen. Denn er meldet sich nicht krank. Er arbeitet professionell weiter wie immer, lässt aber seinen Anwalt Prof. Nägele die Sache prüfen. Der reicht für ihn eine Feststellungsklage ein, um die Rechtmäßigkeit der einseitigen Vertragsveränderung zu prüfen. Klaus Jost selbst muss sich sortieren, und er möchte seinen Schreibtisch sauber verlassen. Die Konditions-Verträge, die er vorher noch im Sinne des Unternehmens verhandelt hatte, werden von ihm ordnungsgemäß abgerechnet und die ergebnisrelevante Inventur lupenrein bewertet und geprüft. Es ist schließlich Oktober, ein extrem wichtiger Monat für den Jahresabschluss zum 30. September eines jeden Intersport-Geschäftsjahres.

Viele der Händler sind entsetzt, als sie von der Entmachtung und dann dem Rausschmiss erfahren. Sie fühlen sich übergangen, rechnen mit dem Schlimmsten, denn Klaus Jost war über Jahre hinweg zwar einer von zwei Vorständen, aber in der Branchen-wirkung die klare Nummer 1 von Intersport.

Die Süddeutsche Zeitung schreibt dazu im Herbst 2014:

Im Zuge einer Organisationsreform entschied der Auf-sichtsrat von Intersport Deutschland im Oktober, seinen Vorstand um ein drittes Mitglied zu erweitern und gleich-zeitig Roether zum Vorstandsvorsitzenden zu befördern. Den unbekannten, bisher für interne Belange zuständigen Manager, der nur über wenig Erfahrung in der Sportarti-kelbranche verfügt, vorzuziehen, kam einer öffentlichen Demontage von Klaus Jost gleich. Seither kommt Inter-sport nicht mehr zur Ruhe. [...] Zumindest vereinzelt gibt es harsche Kritik am Aufsichtsrat. Dass dieser bei der wichtigen Personalie die Mitglieder außen vor gelassen habe, »zeigt ein gewisses Maß von arroganter, selbst-gefälliger Attitüde der beteiligten Personen«, zitiert das Fachblatt Sport Fachhandel einen Händler. Viele Mitglie-der und Mitarbeiter in der Heilbronner Intersport-Zentrale fühlen sich überrumpelt und können die Gründe für die Personalie nicht nachvollziehen.[9]

Klaus Jost selbst äußert sich in dieser Zeit nicht öffentlich. Als die Feststellungsklage des Anwalts nach dessen Ankündigung an den Aufsichtsrat die Intersport erreicht, wird der damals 53-Jährige mit sofortiger Wirkung freigestellt. Das geschieht am 3. Novem-ber 2014. Zu diesem Zeitpunkt ist Klaus Jost immer noch nicht entlassen. Von einem Moment auf den anderen wird allerdings sein E-Mail-Account gesperrt, seine Telefonverbindung gekappt. Er hat keinerlei Einsicht mehr in Firmeninterna und muss hilflos mit ansehen und anhören, wie innerhalb seines Unternehmens direkt Stimmung gegen ihn gemacht wird.

Neben aller Enttäuschung verspürte Klaus Jost aber auch eine große Erleichterung

»In dem Moment habe ich sofort gemerkt, wer zu mir hält und wer nicht«, musste Klaus Jost feststellen. »Da kam ein Gefühl der Verlassenheit und Ohnmacht in mir hoch. Selbst wenn mir Leute etwas Gutes schreiben wollten, kam das bei mir nie an, sondern bei demjenigen, der meine E-Mails jetzt las. Auch persönliche Worte.«

Das Perfide dabei: Die E-Mails, welche an Klaus Josts Adresse geschickt wurden, kamen alle an. Nur nicht bei ihm. Das hat das Gefühl der Minderwertigkeit noch verstärkt und Hilflosigkeit ausgelöst. Die Absender der Nachrichten haben sich natürlich gewundert, warum Klaus Jost nicht geantwortet hat.

Neben aller Enttäuschung verspürte er aber auch große Erleichterung. Endlich gab es einen Schnitt, er wusste, woran er war, und bis zur gerichtlichen Einigung musste er den Gang ins Büro nicht mehr antreten. Was ihn mindestens genauso mitnahm wie sein eigenes Schicksal, war das Schicksal einiger seiner Kollegen, die aufgrund der Vorkommnisse das Unternehmen später ebenfalls in dem Zusammenhang verlassen mussten. Direkt freigestellt wurde kurz darauf auch seine sehr geschätzte Assistentin Michaela Heusler.

Offiziell beendet war das Kapitel Intersport für Klaus Jost dann am 1. Juli 2015. Beide Parteien haben sich geeinigt und Stillschweigen über die Modalitäten vereinbart. Und das bleibt auch so.

Was bleibt für Klaus Jost also aus den vergangenen Jahrzehnten? Der Stolz auf die Lebensleistung? 25 Jahre Verbundgruppenmanagement auf höchster Ebene, in der mehrere tausend Händler betreut und erfolgreich geführt werden mussten?

Oder die Bestätigung, dass Klaus Jost selbst Jahre nach seinem Weggang noch enge Kontakte in die Szene pflegt, für Beratungsleistungen angefragt und nach wie vor sehr geschätzt wird?

Oder die Schadenfreude, dass die Geschäfte bei Intersport ohne Klaus Jost dann doch nicht so phänomenal liefen wie prognostiziert und die Gewinne stark eingebrochen sind?

Nein! Das alles macht es Klaus Jost zwar leichter, aber die wahre Erkenntnis aus dieser ganzen Schlammschlacht, die ihn nachhaltig geprägt hat, ist das, was er vorher schon wusste und was sich wieder einmal bestätigt hat: das Bewusstsein, dass er eben im tiefsten Moment seines Lebens trotzdem immer wertvoll bleibt. Egal, was da gerade um ihn herum passiert. Dass der Wert und das Selbstbewusstsein eines Klaus Jost nicht davon abhängen, welchen Job er ausübt und wer schlecht oder gut über ihn denkt und redet.

Und dieses Bewusstsein verdankt er in erster Linie wieder seinem Glauben an Gott und der damit verbundenen Gewissheit, geliebt zu sein, sowie seiner Ehefrau Andrea, die einfach zu ihm hält.

Und erneut seiner Mutter, die ihm nicht nur von diesem Gott erzählt hat, sondern die ihn immer hat spüren lassen, dass er geliebt ist. Es klingt einfach, fast banal, und ist doch so tief greifend. Es hilft Klaus Jost dabei, die Dinge zu priorisieren und wirklich Wichtiges von weniger Wichtigem zu unterscheiden. Und da steht Gott ganz oben.

»Ich bin mir sicher: Dieser Gott und Schöpfer der Welt, der so viele Dinge schafft, der macht keine Fehler«, sagt Klaus Jost. »Ich hatte noch nie ein Gefühl, dass Gott seine Schöpfung nicht mehr im Griff hat. Ich bin ein »Ganz oder gar nicht«-Typ. Entweder es gibt Gott oder es gibt ihn nicht. Ich kann jeden verstehen, der sagt: Es gibt keinen Gott. Wirklich. Aber wenn ich daran glaube, dass es einen Gott gibt, dann traue ich ihm alles zu. Dann denke ich nicht: ›Oh, Gott ist vielleicht müde geworden‹ oder so was. Gott gibt meinem Leben Halt und Orientierung.«

Mitten in diesen Querelen mit seinem Arbeitgeber hatte Klaus Jost aber auch viele ermutigende Begegnungen und Erlebnisse durch andere Menschen. Zum Beispiel durch einen Anruf von Horst Marquardt. Der Gründer des Evangeliumsrundfunks (ERF), des Christlichen Medienverbundes KEP und des Kongresses christlicher Führungskräfte. Zu eben diesem Kongress hatte er Klaus Jost als Referent eingeladen. Das war vor seinem Weggang bei Intersport. Marquardt hatte in der Presse von den Ereignissen erfahren und sprach Jost Mut zu. Außerdem sagte er: »Ich bete für Sie!« Das hat geholfen.

Mitten in diesen Querelen mit seinem Arbeitgeber hatte Klaus Jost aber auch viele ermutigende Begegnungen und Erlebnisse

Für Horst Marquardt war Josts Mitwirken auf dem Kongress auch gar nicht infrage gestellt. Ein schönes Erlebnis. Gegenbeispiele gab es allerdings auch. Eine freie christliche Gemeinde, die in dem Intersport-eigenen Kongresszentrum in Heilbronn eine große evangelistische Veranstaltung plante und er einen Vortrag halten sollte, lud ihn kurzerhand wieder aus. Obwohl Klaus Jost ihnen noch die Halle kostengünstig besorgt hatte.

»Herr Jost, in dieser Situation ist es uns lieber, wenn Sie nicht bei uns sprechen«, hieß es lapidar am Telefon.

Das tat weh.

Genau wie das Verhalten einer wichtigen Führungskraft von Intersport, die Klaus Jost vor Jahren eingestellt, gefördert und weitergebildet hatte, nachdem dessen alter Arbeitgeber pleitegegangen und er in einer schwierigen Lage war.

»Dem habe ich wirklich oft geholfen«, sagt Klaus Jost enttäuscht. »Der hat zwar ein gutes Gespür, viel Charme und ist ein Guter, trotzdem musste ich auch immer wieder seine Schwächen für ihn ausbügeln. Selbst als er eine schwere Krankheit hatte und lange ausfiel, habe ich mich für ihn stark gemacht und an ihm festgehalten. Gegen jede Regel.«

Am Tag der Entscheidung und Josts Demontierung im Unternehmen hat dieser Mitarbeiter sich sofort umgedreht und seinem Nachfolger gehuldigt. Er hat Josts Niedergang sogar tatkräftig unterstützt. »Und da habe ich schmerzlich getroffen gedacht: Warum machst du das? Warum bist du nicht einfach still? Ich erwarte ja nicht, dass du dich für mich ins Feuer schmeißt, und möchte auch keine Dankbarkeit, aber so eine Nummer habe ich tatsächlich nicht erwartet. Wir sind früher zusammen oft auf Reisen gewesen, haben uns immer auch persönlich sehr vertraulich ausgetauscht. Das war eine große Enttäuschung, auch wenn ich genau weiß, dass er nur aus Angst um seinen Job so gehandelt hatte.«

»Du weißt, dass dir das alles passieren kann, das ist nicht neu«, bilanziert Klaus Jost diese Zeit. »Aber das dann selbst zu erleben, ist einfach krass. Aber noch krasser ist es, zu erfahren, dass man auch in solchen Situationen nicht alleine ist. Gott hat mir Menschen an die Seite gestellt, die mir geholfen haben. Und er hat mir die Zuversicht geschenkt, dass ich durch diese Krise hindurchkomme.«

Klaus Jost hat während dieser stürmischen Zeit in seinem Leben noch ganz andere Dinge erlebt, wo er von Menschen enttäuscht wurde. Die gehören aber nicht an die Öffentlichkeit. Und damit auch nicht in dieses Buch. Zumindest nicht für Klaus Jost. Das spürt er auch. Intuitiv.

6

GOTTVERTRAUEN
AUF DEM PRÜFSTAND

> Plötzlich kam ein schrecklicher Sturm auf und die
> gewaltigen Wellen schlugen ins Boot. Doch Jesus schlief.
> Schließlich weckten ihn die Jünger. »Herr, rette uns!«,
> riefen sie aufgeregt. »Wir sinken!« Doch Jesus antwortete:
> »Warum habt ihr Angst? Ist euer Glaube denn so klein?«
> Und er stand auf und drohte dem Wind und den Wellen,
> und augenblicklich war alles wieder ruhig.[10]

Die interessante Aussage des Videos kommt ungefähr bei Minute
drei. Im Bild zu sehen ist Klaus Jost. Im Anzug sitzt er an seinem
Schreibtisch bei Intersport. *Deutsche Welle-TV* hat im Jahr 2010
einen Beitrag über ihn gedreht. Ein Porträt über den Manager Jost,
in Verbindung mit dem Thema Nachhaltigkeit und der WM 2010
in Südafrika.

Jost präsentiert sich locker, eloquent, streift mit dem Kamera-
team durch ein Sportgeschäft und lässt sich sogar beim Joggen
mit einigen seiner Mitarbeiter filmen. Aber der ungewöhnlichste

Moment des ganzen Beitrages ist eben ab der besagten Minute drei zu sehen und zu hören. Sie dauert nur wenige Sekunden. Klaus Jost erzählt über den Umgang mit schwierigen Entscheidungen und sagt: »Es gibt wirklich manchmal Situationen, wo man sagt: ›Ich weiß nicht, wie es weitergeht.‹ Da gibt es nicht unbedingt den Königsweg, aber dann hilft ein Gottvertrauen, wo ich sag: ›Auch wenn es hart kommt, der Weg will gegangen sein.‹«

Danach kommt ein Schnitt und im Beitrag dreht es sich um die neue Kollektion. Es macht aber Sinn, kurz die Stopptaste zu drücken und den dramaturgisch eigentlich nicht so interessanten Teil des Porträts nachwirken zu lassen. Das Wort »Gottvertrauen« selbst ist es, was die komplette Aussage besonders macht. Sie kommt unerwartet und trotzdem so selbstverständlich, als wenn es das Normalste von der Welt ist, dass Spitzenmanager bei schwierigen Entscheidungen auf Gott vertrauen und ihn mit einbeziehen. Damals war von dem Sturm um die neue Struktur im Unternehmen noch nichts in Sicht. Doch Klaus Jost vertraut nicht nur in existenziellen Krisen auf Gott. Die an anderer Stelle des Buches schon erwähnte Familienbilderbibel hat ihm den dreieinigen Gott nähergebracht. Früh war ihm klar, dass diese biblischen Geschichten von Gott und Jesus auch etwas mit seinem Leben zu tun haben, und so entschloss er sich, sein Leben Jesus zu übergeben. Er spricht von seiner Bekehrungsgeschichte.

Klaus Jost vertraut nicht nur in existenziellen Krisen auf den Gott der Bibel

Das ist ebenfalls eine ungewöhnliche Formulierung; jedenfalls in manchen Kreisen. Deshalb sei an dieser Stelle kurz definiert, was

Als Kleinkind, 1962

Schulstart 1967
in Frankfurt am Main

Mit der Mutter nach der
Scheidung, 1975

der TSG Fechenheim. Auf sich aufmerksam machte nachdrücklich der 16 Jahre alte Klaus Jost vom TV Preungesheim mit 12,3 Sekunden im Sprint, 6,80 Meter im Weitsprung und 11,96 Meter im Kugelstoß. Das sind angesichts der Bedingungen, die ein Bergturnfest nun einmal von den Sportanlagen her hat, vielversprechende

Nach dem Wettkampf
beim Sportfest, 1977
(Jost 1. von links)

Bundeswehrzeit 1980–1981,
zwei Jahre Zeitsoldat »ROA«
in Gießen

Als Filialleiter in Krefeld-Uerdingen, u. a. mit der Trainerlegende Kalli Feldkamp und einigen Spielern, 1985

Mit Umsatzkarte
im neuen Büro als
Geschäftsführer bei
der FACHSPORT
GmbH, später
SPORT 2000, 1994

Spatenstich zum Neubau für die Zentrale für SPORT 2000 in Mainhausen, 1996

Mit Boris Becker, 2002

Mit Andi Brehme und Sepp Maier, 2005

Mit Uwe Seeler, 2005

Mit dem Worldcup, 2006

Im Ziel beim New York Marathon, 2006

In Aktion bei einem seiner vielen Vorträge, 2008

Familienbild auf Kreta, 2014, kurz nach dem Schlaganfall
der Frau

Nachdenklich, 2017

Mit dem Biografen Daniel Schneider, 2017

man unter einer Bekehrung im Christentum versteht: Es ist die persönliche Entscheidung zum Glauben an Jesus Christus und Gott. Derjenige, der sich bekehrt, nimmt die Gnade Gottes für sich persönlich in Anspruch und möchte ein Leben entsprechend den christlichen Geboten wie der Nächstenliebe und Gottesliebe führen.

Klaus Jost war dreizehn, als er sich bekehrte. 1974, auf einer christlichen Jugendfreizeit in Österreich. An das Jahr erinnert er sich auch, weil Deutschland in diesem Sommer zum zweiten Mal Fußballweltmeister wurde und neben den Bibelarbeiten und anderen Aktivitäten natürlich auch Fußball geschaut und gespielt wurde.

Für Klaus Jost ist so ein fester Zeitpunkt wichtig: »Es tut gut, sich an den Moment zu erinnern, wo man diese Entscheidung gespürt hat. Ich bin auf der Freizeit zu einem Wasserfall gegangen, um alleine zu sein. Dann habe ich Gott gebeten, in mein Herz zu kommen, und wurde innerlich ruhig. Ich habe gespürt, dass da jemand sagt: Ich nehme deine Entscheidung ernst. Diese Entscheidung habe ich getroffen. Wie das bei anderen passiert, ist egal. Mit dreizehn wusste ich auch noch nicht das, was ich heute weiß. Aber ich wusste, dass etwas Großes passiert ist!«

Klaus Jost spricht hier von seiner ersten Bekehrung.

»Es gibt in meinem Leben immer mal wieder Phasen, in denen du intensiver im Glauben stehst, und immer mal wieder Zeiten, in denen du dich von Gott entfernst. Unbewusst«, erklärt er. »Bei mir war das zum Beispiel in meiner Jugend so. Ich habe unheimlich viel Sport getrieben und hatte über lange Strecken gar keine Zeit für Gott. Außerdem konnten die Kinder in der Jungschar nicht mal anständig kicken. Das war langweilig.« Er lacht, als er das sagt.

Aber Klaus Jost ist sich immer sicher, dass Gott die Verbindung zu ihm nicht abbricht. Er weiß: »Gott ist immer da und kann auch mit den Momenten umgehen, in denen sich seine Geschöpfe, also wir Menschen, nicht so ausdauernd um ihn kümmern.«

Es ist ein kindliches Vertrauen, gepaart mit einer fast bürokratischen Ernsthaftigkeit, das seine Beziehung zu Gott auszeichnet. Und seine Mutter ist ihm ein großes Vorbild, was das Vertrauen betrifft. Wieder die Mutter, einer der wichtigsten Menschen für ihn nach seiner Frau Andrea und seinen Kindern.

Durch ihre Art zu glauben und mit ihrer Liebe zu Klaus Jost hat sie ein großes Stück Gottvertrauen in ihren Sohn gepflanzt. Und sie betet bis heute für ihn.

Klaus Jost arbeitet seit seinem zwanzigsten Lebensjahr verantwortlich in christlichen Kreisen mit. Erst im EC-Jugendbund, dann in der Gemeinde. Auch die Kinderstunde hat er später mitgestaltet. Kurz vor seinem Ausscheiden bei Intersport werden kirchliche Veranstalter auf ihn aufmerksam. Und seitdem er nicht mehr bei Intersport ist, häufen sich die Anfragen als Redner auf christlichen Veranstaltungen.

Ein Manager auf der Kanzel

Da muss Klaus Jost schon aufpassen, dass es ihm nicht zu viel wird. Die Predigt bei einer Zeltevangelisation in seiner Heimat ist ihm besonders in Erinnerung geblieben. Aus mehreren Gründen: Erst wurde Jost für ein Referat angefragt. Dann wurde den Veranstaltern aber klar, dass es für einen Beamer im Zelt viel zu hell ist, und somit wurde aus der Vortragsanfrage schnell eine Predigtanfrage im Gottesdienst. Das Thema: Die Stillung des Sturms aus Matthäus 8.

»Bevor ich ans Rednerpult gegangen bin, war ich richtig aufgeregt«, gibt Klaus Jost zu. »Predigen ist schon eine ganz besondere

Verantwortung. Aber es hat mir auch eine riesige Freude bereitet. Hinterher war ich glücklich. Und als ich dann später noch von einer Konfirmandin um eine Unterschrift für den Gottesdienstbesuch gebeten wurde, musste ich richtig schmunzeln. Die hat mich als Pfarrer wahrgenommen. Das war ein schönes Gefühl.«

Auch die Auseinandersetzung mit dem Bibeltext hat dem predigenden Manager Freude gemacht. Gerade der Text der Sturmstillung, den er schon so oft gehört hatte, hat ihn bewegt und passte auch in seine Situation. Das Setting der Geschichte: Jesus war von einer großen Menschenmenge umgeben und wollte einfach nur seine Ruhe haben. Deshalb fuhr er mit seinen Jüngern an das andere Ufer eines Sees. Müde durch das viele Reden und die Wunder, die er vollbrachte, schlief er ein. Und dann brach der Sturm los. Seine engsten Freunde bekamen Panik und konnten gar nicht verstehen, dass Jesus bei dem Sturm so seelenruhig schlafen kann. Sie weckten ihn panisch und Jesus reagiert irgendwie untypisch. Fast anklagend. Er sagte zu seinen Freunden: Warum habt ihr solche Angst, ihr Kleingläubigen?

Und genau diese Reaktion ist es, die Klaus Jost eine neue Erkenntnis beschert. »In dieser lebensbedrohlichen Lage liegt die Reaktion von Jesu Freunden ja auf der Hand«, erklärt er. »Aber ich deute die Reaktion von Jesus so: Seine Freunde waren schon lange mit ihm unterwegs. Sie kannten ihn, wussten, dass Jesus unfassbare Dinge vollbringen kann, hätten wissen müssen, dass er Gottes Sohn ist. Jesus hat sich etwas mehr Vertrauen erwartet. Und seine besten Freunde zweifeln und haben Angst. Das ist so tröstlich für langjährige Christen, die Jesus auch schon lange kennen und trotzdem immer wieder Angst bekommen.«

Dieser Bibeltext beschreibt darüber hinaus eine Grundgewissheit für Glaubende. Sie wissen, dass sie bedingungslos vertrauen können, und trotzdem dürfen sie Jesus in jeder noch so prekären Situation um Beistand bitten. Egal wie oft, wie laut und mit welchen Worten. Vielleicht verdrehen Jesus und Gott manchmal die Augen, aber sie nehmen das Bitten und Flehen immer ernst. Und Jesus handelt. In dem Bibeltext und im Leben von Klaus Jost.

Dass Jesu Jünger zweifelten, ist so tröstlich für mich als jemand, der Jesus auch schon lange kennt und trotzdem immer wieder Angst bekommt

Stürme und Sturmstillungen hat er erlebt. Als seine Frau den Schlaganfall erlitt, die Krebsdiagnose bekam und bei dem Intersport-Machtwechsel. Und auch dann hat Klaus Jost sich an Jesus gewandt. »Wenn es mir dreckig geht, bete ich am meisten«, sagt er und fügt dann selbstkritisch hinzu: »Das ist zwar sehr zweckgebunden, aber vorher denke ich leider sehr lange, dass ich mich aus eigener Kraft aus dem Schlamassel befreien kann. Das ist die große Schwäche eines Machers.«

Auch die Jünger haben bestimmt erst einmal versucht, den Karren alleine aus dem Dreck zu ziehen. Und das kann man ihnen nicht einmal zum Vorwurf machen. Eigenverantwortung gilt auch für Menschen, die mit Gott unterwegs sind. Gottvertrauen ist vielleicht doch gar nicht so einfach, wie es klingt.

Die Balance zu finden zwischen einem Vertrauen, das Gott alles zutraut, und dem Elan, alles dafür zu geben, ist ein lebenslanger Lernprozess.

Die schweren Zeiten im Leben von Klaus Jost haben ihm auch die biblische Gestalt des Hiob nähergebracht. Diese krasse

Geschichte aus dem Alten Testament der Bibel erzählt von einem Mann, der alles hatte, dem alles genommen und dem noch mehr wiedergeschenkt wurde. Hier eine kurze Zusammenfassung von dem, was in der Bibel ausführlich nachgelesen werden kann:

Hiob war wohlhabend und lebte mit seiner Frau und vielen Kindern zusammen. Er hatte viele Angestellte und war außerdem sehr fromm. Gott freute sich darüber und sprach mit dem Satan über Hiob: »Mensch, so einen frommen Mann hat die Welt noch nicht gesehen.« Und der Satan sprach: »Ja, das ist auch keine Kunst, so wie du ihn gesegnet hast. Wer könnte da nicht an Gott glauben. Ich wäre gespannt, wie sehr der noch auf dich vertraut, wenn du ihm die liebsten Dinge seines Lebens nehmen würdest.« Gott lässt sich darauf ein, Hiob verliert seinen kompletten Besitz und alle seine Kinder. Und Hiob erträgt all das und vertraut weiterhin auf Gott.

Dann legt der Satan noch mal nach und fordert Gott auf, Hiob noch mehr Leid zuzufügen. Hiob bekommt nun eine schlimme Krankheit; er lässt auch das über sich ergehen, er kündigt ihm auch dieses Mal nicht das Vertrauen, hadert aber deutlich mit Gott.

Am Ende der Geschichte belohnt Gott Hiobs Treue mit einem langen Leben, weiteren Kindern und noch mehr Besitz.

Eine schwere Story, die man sehr behutsam behandeln muss. Denn wenn am Ende dieser Geschichte der Eindruck entsteht, dass Gott mit dem Satan Spielchen spielt und wir Menschen als Spielfiguren genutzt werden, dann hat die Geschichte ihren Sinn verfehlt. Nicht die Rahmenhandlung ist das Entscheidende bei dieser Überlieferung, sondern zum Beispiel die Tatsache, dass Hiob Gott als ungerecht bezeichnet und trotzdem weiter vertraut.

Biblische Geschichten atmen Gottes Gegenwart. Und damit sind sie auch heute noch wertvoll und wichtig

Die Hiobsgeschichte an sich hinterlässt viele theologische Fragezeichen. Warum lässt Gott Leid zu? Warum lässt sich Gott überhaupt auf diesen Deal ein? Und: Was soll uns diese Geschichte heute sagen? Klaus Jost konnte sich mit Hiob identifizieren. Krankheit, Jobverlust, gelittenes Ansehen … Allein die Möglichkeit, sich mit biblischen Figuren vergleichen zu können, kann schon helfen. Es wird nie ein Eins-zu-eins-Vergleich sein, aber das ist auch nicht notwendig. Biblische Geschichten atmen Gottes Gegenwart. Und damit sind sie auch heute noch wertvoll und wichtig.

»Das ist doch interessant; die Geschichte ist mehrere Tausend Jahre alt und trotzdem haben die Hiobsbotschaften nichts an Gültigkeit verloren. Es ist der Inbegriff von schlechten Nachrichten. Faszinierend.«

Genau wie im Wirtschaftsalltag gibt sich Klaus Jost auch im Glauben nicht mit allgemeinen Antworten zufrieden. Er will es genau wissen, hinterfragt die Dinge. Aber das Vertrauen auf die Gnade und die Gewissheit der Liebe Gottes bilden bei ihm das Fundament des Glaubens. Auf dieser Basis kann er so manche Ausflüge unternehmen.

Und auf denen befindet er sich automatisch, denn das Leben an sich, mit allen Erlebnissen und Erfahrungen, macht auch etwas mit dem persönlichen Glauben. Der Austausch mit anderen Menschen über den Glauben ist Klaus Jost sehr wichtig. Er begleitet auch Menschen, die keine Christen sind, oder ganz neu mit dem Glauben anfangen, aber existenzielle und sehr kluge Fragen stellen.

»Mit einer befreundeten Rechtsanwältin habe ich mich über die Erbsünde ausgetauscht«, verrät er. »Sie hat sehr gute Argumente und sagt: Was kann ich dafür, wenn Adam und Eva im Paradies Mist gebaut haben? Warum werde ich dafür zur Verantwortung gezogen? Das kann man nicht mit einem ›Das ist eben so‹ vom Tisch wischen. Denn das stimmt nicht. Es ist ›eben nicht einfach so‹. Es ist kompliziert. Und allein ein kurzer Ausflug in diesen Teil der biblischen Schöpfungsgeschichte zeigt die Dramaturgie: Wenn Gott uns Menschen geschaffen hat und uns liebt, warum hat er dann zugelassen, dass wir (bzw. Adam und Eva) uns durch den Konsum der verbotenen Frucht von ihm entfremden? Ist es, weil wir einen freien Willen bekommen und ihn missbraucht haben? Sie merken: Ich habe da auch meine Fragen. Deshalb nehme ich solche Einwände sehr ernst, komme dabei selbst ins Nachdenken und bin mir trotz aller Fragen sicher: Gott meint es gut mit uns Menschen. Auch wenn ich nicht alle Fragen beantworten kann.«

Die grundlegende Frage ist: Was ist das Entscheidende in meinem Glauben? Was ist der Kern? Und die Antwort lautet: Bei Jesus zu sein! Jetzt und später in einem Leben nach dem Tod.

Die Schicksalsschläge waren hart, aber dennoch gehört Klaus Jost zu den privilegierten Menschen auf unserem Globus

Klaus Jost ist allerdings niemand, der in der Naherwartung lebt und jeden Tag darauf wartet, endlich in die Ewigkeit zu gehen. Er legt sein Leben vertrauensvoll in Jesu Hände und genießt das irdische Leben trotzdem. Und an der Stelle ist es in jedem Fall angebracht, auch den Segen in seinem Leben zu erwähnen. Die

Schicksalsschläge waren hart, aber dennoch gehört Klaus Jost zu den privilegierteren Menschen auf unserem Globus. Er hat eine tolle Frau, wunderbare Kinder und Schwiegerkinder, mittlerweile bereichern sogar Enkel die Familie. Außerdem gehört auch die unfassbare berufliche Karriere trotz allen Niederschlägen auf die Sonnenseite seines Lebens, vom Lebensstandard ganz zu schweigen. Das schätzt Klaus Jost jeden Tag. Und sei es nur durch eine intensive Joggingrunde in der Heimat, die ihm zeigt: Es zwickt an der einen oder anderen Stelle schon, aber ich bin unendlich dankbar, dass ich mich noch bewegen darf.

Die gesundheitlichen Fortschritte seiner Frau sortiert er ebenso in die Rubrik »Segen Gottes« ein. Dass Andrea Jost zum Beispiel wieder den Ostergarten in der Gemeinde mitorganisiert, ist nicht selbstverständlich.

Auch darüber redet er, wenn er eine der zahlreichen Einladungen annimmt. Und die Bühnen könnten unterschiedlicher nicht sein. Von der eigenen evangelischen Gemeinde im Leintal, dem Magdeburger Ethikforum, der Veranstaltung »Kirche und Forum« der SPD im bayrischen Landtag und Referaten bei der IVCG (Internationale Vereinigung Christlicher Geschäftsleute), dem CVJM, dem Liebenzeller Gemeinschaftsverband oder sogenannten »Männer-Vesper« etc. ist alles dabei.

Nach den Referaten, Predigten oder Vorträgen gibt es oft Gesprächsbedarf. Menschen wollen ihr Lob loswerden, manchmal auch ihre Kritik. Sie wollen ihn zu ihrer Veranstaltung einladen und manche wollen auch einfach nur mal mit dem ehemals mächtigen Mann von Intersport sprechen.

Klaus Jost nimmt sich Zeit, um ins Gespräch zu kommen. Über die Sturmstillung, Hiob oder die Erbsünde. Oder einfach nur über Sportartikel. Menschen wie er sind gefragt. Weil sie etwas zu erzählen haben. Weil sich ihr Glaube an Gott im Alltag bewähren musste. Und muss. Immer wieder.

Klaus Jost will keinen Stillstand. Im geschäftlichen und im geistlichen Bereich. Er ist unterwegs. Mit einem festen Fundament, aber nicht mit in Stein gemeißelten Überzeugungen.

Und er lebt sein Gottvertrauen in einer natürlichen Art und Weise. Wenn die Kameras von Deutsche Welle-TV auf ihn gerichtet sind, wenn er auf irgendeiner Kanzel steht, aber vor allem auch dann, wenn sich gerade niemand für ihn interessiert.

Klaus Josts Quick-Tipp – Zeitmanagement

... **Zeit ist eine der wichtigsten Ressourcen unserer Tage.** Sie ist unheimlich kostbar und will gut genutzt sein. Nicht nur, weil Zeit angeblich Geld ist, sondern Zeit ist vor allem Lebensqualität und hat sehr viel mit der Wertschätzung von anderen Menschen zu tun. Ich habe bei dem Thema immer mit einigen Skills gearbeitet, die simpel und effektiv sind, aber vielleicht nicht auf alle Arbeitstypen passen. Doch auf einen Großteil.

... **Bei Auswärtsterminen gilt es, die Rahmenbedingungen im Blick zu haben.** Wo müssen Sie wann sein? Wie viel Zeit brauchen Sie für die Anreise? Wie sieht die Wetterlage aus? Wie steht es mit dem Verkehr? Macht es Sinn, am Abend/in der Nacht vorher anzureisen, um frisch in den Termin zu gehen und nicht gestresst? Der Termin beginnt mit der Vorbereitung. Das spart unnötige Wartezeiten und Stressphasen. Für Ihr Gegenüber und für sich. Denn auch Ihre Gesprächspartner sind durchgetaktet und nicht besonders erfreut über unnötige Verspätungen. Außerdem bedeutet eine Verspätung für den Verspäteten immer auch einen psychologischen Nachteil. Es sei denn, die Verspätung ist mit Absicht zustande gekommen, um den Gesprächspartner extra lange warten zu lassen. Das bringt aber einen großen Nachteil in Sachen Wertschätzung an sich.

... **Planen Sie bewusste und persönliche Pufferzeiten ein.** Das schafft Freiräume für Unerwartetes oder gibt die Möglichkeit, kurz durchzuatmen.

.... **Geordnete Verhältnisse auf dem Schreibtisch sind wichtig.** Auch optisch. Je leerer, der Schreibtisch ist, umso besser. Chaos stört. Dreckiges Geschirr auch. In einem meiner ersten Jobs wurden mir immer die Artikel auf meinen Schreibtisch gelegt, die reklamiert worden sind, damit ich die notwendigen Entscheidungen treffen sollte. Nasse, kaputte Fußballschuhe, gebrochene Tennisschläger, gerissene, getragene Kleidungsteile zum Beispiel. Das hat gestunken und meine Laune, meine Leitungsbereitschaft schon unterbewusst negativ beeinflusst. Da habe ich sehr schnell einen Extraraum für solche Reklamationsprodukte eingerichtet, um dort »entscheiden« zu können. Es müssen nicht immer frische Blumen im Büro sein, aber auf jeden Fall positiv besetzte Motive, die angenehme Gedanken unterstützen. Das spart auch Zeit, die sonst mit Ablenkung durch Ärgern verbraucht wird.

... **Bleiben Sie bei einem Thema.** Anlesen, weglegen und wieder aufnehmen stört die Konzentration. Die

Arbeit dauert einfach länger. Anfangen und direkt fertigmachen. Manche Dinge muss man zwar reifen lassen, aber vieles kann direkt weggearbeitet werden. Um dann wieder Zeit zu haben für die unerwarteten Dinge.

... **Vermeiden Sie mediale Ablenkungen.** TV, Radio, Facebook, Internet, WhatsApp und Co. sind nicht nur bei der jungen Generation beliebt, sondern lenken auch gestandene Geschäftsführer von der Arbeit ab. Bei mir läuft allerhöchstens eine Instrumental-CD im Büro, wenn ich wichtige Themen bearbeite, Vorträge schreibe oder kreativ denken will.

... **Der frühe Vogel fängt den Wurm (frei nach meinem Freund und langjährigen Geschäftspartner Reiner X. Sedelmeier).** Natürlich sind die Arbeitszeiten sehr individuell und auch oftmals vom Arbeitgeber fix vorgeschrieben. Aber ich habe die Erfahrung, dass man in den Randzeiten – wenn kein Telefon klingelt und kein Kollege mal eben eine Frage hat – viel effektiver arbeiten kann. Und das ist meistens recht früh, wenn der Tag für viele erst anfängt. Übrigens ist auch Jesus, wenn es eng wurde, immer erst recht früh aufgestanden und hat die Ruhe genutzt, um sich auf den neuen Tag und die anstehenden Aufgaben vorzubereiten!

7

WIN-WIN

Als erfolgreichste Verbundgruppe im Sportfachhandel
tragen wir in unserer Branche große unternehmerische
Verantwortung für Menschen und Umwelt. Für eine
respektvolle Produktion und ökologische Nachhaltigkeit
sind deshalb auch Sozialkompetenzen unverzichtbar.
Gleichzeitig wissen wir, dass verantwortliches Handeln
die Voraussetzung für unseren dauerhaften wirtschaft-
lichen Erfolg ist.[11]

Aus dem Unternehmensleitbild von Intersport

Er hat mit Boris Becker angestoßen, mit Franz Beckenbauer getalkt
und Veranstaltungen mit der Skilegende Rosi Mittermaier organisiert. Das gehörte zu Klaus Josts Aufgabenbereich. Die großen
Events mit unzähligen »echten Sportgrößen« haben riesig Spaß
gemacht. Auch wenn es nicht zu seinen Lieblingstätigkeiten gehört,
sich mit Sektglas in der Hand von Small Talk zu Small Talk zu
hangeln: Er kann sich auf diesem Parkett bewegen. Seine Aufga-

ben bei solchen Anlässen: wertvolle Informationen als Moderator zu erfragen, inspirieren lassen, Kontakte knüpfen, sich selbst und damit die Intersport-Gruppe zu repräsentieren.

In einer Zeit, in der auch Manager wie Popstars durch die Boulevardmedien gereicht werden, konzentrierte sich Klaus Jost aber lieber auf das Wesentliche. Denn die wirklich wichtigen Menschen in seinem Berufsleben, das waren seine tollen Mitarbeiter, seine starken Mitglieder, seine wertvollen Lieferanten und die vielen Verhandlungspartner und Dienstleister, ohne die einfach nichts geht. Für diese Menschen war er lange verantwortlich. Mit Leib und Seele. Und mit Gottvertrauen.

Klaus Jost war immer derjenige, der am Ende entscheiden musste. Schon immer. Früher in der Schule ging es um die Ausgaben für das Klassenfest mit überschaubarem Budget. Später wurden die Zahlen größer, aber Klaus Jost behielt trotzdem den Überblick. Gehaltsforderungen? Welche Ware? Vertrag verlängern? Die Entscheidung steht immer am Ende eines Prozesses. Der Weg dahin zeigt, welche Art von Entscheidung getroffen wird. Ist es ein Schnellschuss? Gut durchdacht? Oder wird lange gezögert? Alle diese Herleitungen haben Vor- und Nachteile. Aber sie müssen nachvollziehbar sein. Jedenfalls sieht Klaus Jost das so.

Das in Kapitel 1 erwähnte Kantinenbeispiel hat es gezeigt: Gerade als Führungspersönlichkeit wird man besonders beäugt. Und nachdem sich Klaus Jost wegen seiner Essgewohnheiten nur selten blicken ließ, kursierte relativ schnell das Gerücht: »Wir sind unter seiner Würde.« Das widerlegte Klaus Jost. Aber bei einem Typ wie ihm braucht man Zeit, um seine wertschätzende Art zu erkennen. Denn das Vorurteil »Der ist aber arrogant« ist nicht von der Hand zu weisen, wenn man ihm das erste Mal begegnet.

Auf den zweiten Blick habe ich gewonnen

Sprüche wie »Jetzt sehen wir, dass Sie ja wirklich jemand sind, den man gern haben kann« hört er deshalb öfter.

»Auf den zweiten Blick habe ich gewonnen«, sagt er dazu leicht schmunzelnd. »Ich bin nicht der ›Bussi-Bussi-Typ‹ und kann und will mich auch nicht verbiegen. Rumschleimen ist mir zuwider, auch wenn ich weiß, dass es funktioniert. Genau wie Versprechungen, bei denen ich nicht weiß, ob ich sie einhalten kann.« Verhandlungen führte er daher immer mit offenem Visier und feinem Gespür für sein Gegenüber. Wenn überhaupt, dann kann man Klaus Jost an dieser Stelle eine gewisse Weichheit nachsagen. Denn nichts ist für ihn schlimmer, als wenn sich eine Seite nach den Verhandlungen benachteiligt fühlt. Aber diese Weichheit kann er gut begründen.

Sein Credo dabei: »Richtige Erfolge kommen nur dann zustande, wenn sich alle wiederfinden. Wenn immer nur einer gewinnt, dann ist der Deal von kurzer Dauer. ›Win-win‹ ist nicht bloß ein Spruch, sondern macht schon Sinn.« Nur wenn beide Seiten zufrieden sind, ist es ziemlich sicher, dass sich beide Seiten an die Vereinbarung halten. »Wenn ich meinen Verhandlungspartner unter Druck setze, dann lässt er sich aus Angst oder aus Mangel an Alternativen auf mein Angebot ein«, erklärt er seine Vorgehensweise. »Das ist nicht förderlich für eine Zusammenarbeit, und bei der erstbesten Gelegenheit sucht er sich eine andere Lösung und ich bin ebenfalls der Geschädigte.«

># »Wir müssen schleunigst umdenken.«
Da ist sich Klaus Jost sicher. »Ansonsten ist die
große Katastrophe nicht mehr aufzuhalten.«

Das kann man fast eins zu eins auf die große Weltwirtschaftsbüh-ne übertragen. Wenn einige große Konzerne den dicken Gewinn machen und viele, viele kleine Unternehmen oder Personen leer ausgehen, dann gerät die Weltwirtschaft in ein Ungleichgewicht. Und das ist auf die Dauer nicht haltbar. Das erleben wir zurzeit. Die Gewinne sind ungleich verteilt. Und zwar in fast jeder Branche. Dadurch entsteht Unzufriedenheit.

»Wir müssen schleunigst umdenken.« Da ist sich Klaus Jost sicher. »Ansonsten ist die große Katastrophe nicht mehr aufzuhal-ten. Man muss sich untereinander mehr fördern und nicht anei-nander vorbeigehen. Ich denke volkswirtschaftlich, also langfristig. So wird es deutlich: Auf einer einsamen Insel ohne große Import-möglichkeiten geht der Bäcker zum Schuster, der Schuster zum Bäcker, der Schuster zum Schreiner, … usw. Wenn keiner mehr beim Bäcker kauft, dann kann der Bäcker irgendwann nicht mehr beim Schuster einkaufen und damit wird die ganze Infrastruktur vergiftet. Wir brauchen aber den Kreislauf.«

Durch die Globalisierung wird der aber immer deutlicher platt-gemacht. Und das bekommt nicht einmal ein Intersportchef in den Griff. Wenn irgendeine Firma, die auf den Cayman Islands ihren juristischen Sitz hat, einen bestimmten Markt aussaugt, fast keine Steuern zahlt, sich damit der allgemeinen Solidarität entzieht und einen Haufen Scherben hinterlässt, haben sich einige wenige die Taschen vollgemacht und viele in den Ruin getrieben. Der kurz-fristige Erfolg schadet. So hat sich Gott den Schöpfungsauftrag »Bebauen und Bewahren« nicht gedacht. Den Konsens zu suchen, ist daher zwar die schwierigere Art zu verhandeln, aber auch die nachhaltigere. Es ist zäh, um Einvernehmen zu ringen, und klappt auch nicht immer, aber versucht hat es Klaus Jost jedes Mal. Dabei konnte er seine Verhandlungspartner und -gegner ganz schön zur Weißglut bringen. Wenn jemand direkt sagt »So und nicht anders«, dann ist eine Verhandlung schnell vorbei.

Aber Klaus Jost ist auch auf diesem Parkett durch und durch Sportler, er möchte das optimale Ergebnis erzielen, um die richtige Taktik feilschen und sein Gegenüber zwar besiegen, aber mit fairen Mitteln. Zuweilen kommt deshalb eine Zusammenarbeit gar nicht erst zustande.

Bei Bewerbungsgesprächen zum Beispiel: Wenn ein Mitarbeiter 60 000 Euro Jahresgehalt fordert und Klaus Jost genau weiß, dass er ihm nur maximal 50 000 geben kann, wird es schwierig. Was tun? Runterhandeln? Das geht nicht gut. Ein bisschen entgegen-kommen? Klar, aber wenn sich das schwierig gestaltet, entschied Klaus Jost, dass es besser ist zu sagen: Wir passen nicht zusammen. Auch hier ist die Suche nach einem Einvernehmen vorausgesetzt.

Wenn ein Vertrag zustande kommt und Klaus Jost eine neue Mitarbeiterin oder einen neuen Mitarbeiter in seinem Team begrü-ßen konnte, dann durfte sich der- oder diejenige sicher sein: Klaus Jost schätzt mich wert. Er fordert mich zwar, aber er fördert mich auch, wo es nur geht.

Von Anfang an. Als Klaus Jost noch Filialleiter eines Sportar-tikelgeschäftes war, hatte er eine Mitarbeiterin eines Friseursalons übernommen. Die Geschäftsfläche hatte er zuvor übernommen und nun sollte die knapp fünfzigjährige Friseurin Sportartikel verkaufen. Das Problem: Sie konnte zwar wunderbare Verkaufs-gespräche führen und die Kunden beraten, aber sie konnte weder gut lesen noch rechnen.

»Und dann kam mir die rettende Idee«,
sagt Klaus Jost. »Ich habe ihn bei seiner Ehre
gepackt und gesagt: Herr Dr. Neumann,
ich bin ja sehr auf das nächste Ranking gespannt.
Ob Sie es mit den jungen Hüpfern hier wohl
noch aufnehmen können?«

Das war ihr abgrundtief peinlich und sie hat versucht, dieses Manko vor dem nicht mal 25-jährigen Jost zu verbergen. Das hat nicht funktioniert. Zum Glück. Denn als Klaus Jost ihr Defizit mitbekam, haben die beiden nach Feierabend Kassieren geübt. Immer und immer wieder. Es hat funktioniert. Die Dame wurde zu einer vollwertigen Verkäuferin und war Klaus Jost unendlich dankbar.

Mitarbeiterförderung praktisch. Und auch einige Zeit später, als Vertriebs- und Marketingleiter eines Sportbekleidungs-Unternehmens, stellt Klaus Jost unter Beweis, wie flexibel er sich auf die unterschiedlichen Typen einstellen kann.

Zu seinem Team von selbstständigen Handelsvertretern gehörte ein sechzigjähriger mehrfacher Millionär. Der arbeitete nur noch zum Spaß, war mit sich und seiner Umwelt sehr zufrieden und auf das Geld nicht wirklich angewiesen. Sein Vorgesetzter Jost war nicht mal halb so alt wie er und zermarterte sich den Kopf, wie er so einen Verkäufer im Jahreszielgespräch noch motivieren konnte.

»Und dann kam mir die rettende Idee«, sagt Klaus Jost. »Ich habe ihn bei seiner Ehre gepackt und gesagt: ›Herr Dr. Neumann, ich bin ja sehr auf das nächste Umsatz-Ranking gespannt. Ob Sie es mit den anderen jungen Hüpfern hier wohl noch aufnehmen können?‹ Mehr war nicht nötig. Das hat gereicht. Der erfahrene Verkäufer war motiviert bis in die Haarspitzen und hat abgeliefert. Aber wie!«

Zwei Beispiele, die zeigen, wie sehr nachhaltige Wertschätzung von Mitarbeitern mit Unternehmenszielen auf einem vertrauensvollen Fundament vereinbar sind. So läuft es! Respekt, Ehrlichkeit und Akzeptanz.

Um die Führungsmentalität von Klaus Jost nicht allzu sehr zu glorifizieren, gehört es auch dazu, über seine große Schwäche zu berichten. Und die liegt für ihn eindeutig auf der Hand: »Ich lobe viel zu wenig.«

Nicht aus Boshaftigkeit, sondern weil bei ihm »erst mal gerannt werden muss«, wie er selbst sagt. Das sind die Maßstäbe, die er bei sich selbst anlegt. Klaus Jost weiß, dass lobende Worte wichtig sind. Denn so wird deutlich: Der nimmt das nicht für selbstverständlich und hat das, was ich tue, wahrgenommen.

Da hat auch ein Spitzenmanager Optimierungsbedarf. Als Trainer im Sport wäre Klaus Jost wahrscheinlich eher der harte Hund mit einem guten Herzen. Wenn es drauf ankommt, ist er zur Stelle. Und so weit hergeholt ist der Vergleich zum Sport auch nicht.

»Ich lobe viel zu wenig.«

Mitarbeiter einer Firma sind durchaus mit einer Sportmannschaft zu vergleichen. Die größte und wichtigste Gemeinsamkeit: Teamwork!

Ein Gemeinschaftsgefühl ist der Schlüssel zum Erfolg. Auch wenn Hierarchien beachtet werden müssen: Jeder in der Firma ist gleich wichtig. Egal, ob er am Fließband steht oder in der Chefetage sitzt.

Und der Umgang miteinander wird davon geprägt. Und zwar in beide Richtungen. Meistens lassen die Mitglieder der oberen Firmenetagen die Wertschätzung für die Arbeiter vermissen, und das vergiftet das Betriebsklima. Aber umgekehrt ist es genauso: Wenn in der Fertigungshalle unzufriedene und wenig nette Äußerungen in Richtung Projektleiter, Bereichsleiter oder Vorstand laut werden, hat das einen ähnlichen Effekt.

Viele Mitarbeiter in einfacheren Positionen unterschätzen ihren Einfluss und ihre Wichtigkeit im Rahmen des kompletten Unternehmens. Deswegen erwartet Klaus Jost den Respekt auch von Mitarbeitern. Denn wie schnell regt sich Unmut und wie schnell wird er an dieser falschen Stelle laut. Die Mitarbeiteraufenthaltsräume bieten viel Potenzial zum kollektiven Lästern über den Chef. Und in den Sitzungszimmern wird gerne mal auf die Mitarbeiter geschimpft.

Diese Probleme zu formulieren, ist einfach, sie zu ändern, ist schwer. Denn das hängt mit der Persönlichkeit des einzelnen Menschen und mit der Philosophie des Betriebs zusammen. Und da ist man schnell wieder bei den Entscheidungen, die beiden Seiten guttun. Denn ein Mensch spürt sehr wohl, ob er als Persönlichkeit wertgeschätzt wird oder ob die Mitarbeitergespräche und Reports nur dazu dienen, ihn auszunutzen und für die Belange der Firma zu instrumentalisieren.

Wenn eine Firma Wachstum als oberstes Ziel ausgegeben hat, dann ist das erst einmal ein ganz normales Ziel für ein Unternehmen, aber trotzdem muss Wachstum noch definiert werden. Schnelle und hohe Gewinne zu erzielen, ist eine Form des Wachstums. Daraus folgt meistens, dass mehr Mitarbeiter eingestellt werden, um noch mehr Gewinn zu machen, noch mehr Geld zu verdienen und noch mehr zu wachsen.

Das klingt super! Auf der anderen Seite führt schnelles Wachstum jedoch oft dazu, dass die Qualität der Arbeit leidet, dass viele neue Mitarbeiter kommen, andere gehen und eine gute Unternehmenskultur darunter leidet. Wachstum kann aber auch bedeuten, die einzelnen Mitarbeiter zu fördern, die eigene Qualität damit zu sichern und auszubauen.

Das zu definieren, ist die Aufgabe einer Führungspersönlichkeit. Und im Fall von Klaus Jost bei Intersport für die Bereiche Produkt, Marketing, Vertrieb und internationale Expansion.

Am besten ist, wenn Wachstum und Wertschätzung Hand in Hand gehen. Das ist gut messbar, mit einem Ohr in der Belegschaft und den Erfolgskennziffern der einzelnen Bereiche.

Was passiert, wenn mein Gegenüber jetzt Ja sagt? Kann ich meine Versprechungen überhaupt halten?

Für sich selbst benennt Klaus Jost noch zwei Konstanten, die ihm bei seinen Entscheidungen geholfen haben: Ehrlichkeit und Transparenz!

»In unserer Branche wird so viel versprochen«, sagt er. »Was habe ich nicht alles gehört. Man übernimmt sich aber leicht, darum habe ich mir, bevor ich ein Angebot abgegeben habe, immer die Frage gestellt: Was passiert, wenn mein Gegenüber jetzt Ja sagt? Kann ich meine Versprechungen überhaupt halten? Und wenn ich das mit einem vollen Ja beantworten konnte, dann habe ich zugestimmt.«

Und das gilt auch für das ganz normale Alltagsleben. Unsere Begegnungen und Beziehungen sind voll von Abmachungen, bei denen wir von Anfang an wissen, dass wir sie nicht halten können. Gar nicht aus böser Absicht, sondern aus einem Wunsch- und

Anspruchsdenken heraus, uns und anderen Menschen genügen zu müssen.

Da sind Enttäuschungen programmiert. »Euer Ja sei ein Ja und euer Nein sei ein Nein«, so hat es Jesus in der Bergpredigt ausgedrückt, als er vom Schwören redete. Es hat keinen Sinn, Äußerungen durch viele Worte zusätzlich zu untermauern. Ja heißt Ja. Nein heißt Nein. Einfach. Und doch so schwer.

Aber das ist tatsächlich eine Übungssache. Je öfter man vor einem unbedachten Zugeständnis einen Moment innehält, kurz seine eigenen Ressourcen checkt und dann eine Antwort gibt, umso höher steigt die Quote, dass die Entscheidung bestand hat und auch somit eine Win-win-Situation entsteht.

Um einen noch tieferen Einblick in die Verhandlungs- und Gesprächstaktiken zu erhalten und trotzdem beim Thema transparent zu bleiben, ist Klaus Jost vor Beginn von Verhandlungen und Gesprächen Ergebnisoffenheit immer wichtig gewesen.

»Wenn mir jemand signalisiert: Ich habe meine feste Meinung, aber wir tun jetzt einfach noch mal so, als ob wir diskutieren, dann werde ich sauer«, sagt er deutlich. »Das gehört auch zur gegenseitigen Offenheit. Entweder ich sage von vorneherein, dass ich da keinen Verhandlungsspielraum sehe, oder ich lasse mich auf mein Gegenüber ein, habe meine guten Argumente parat und bin trotzdem offen für das, was er sagt. Klar musst du wissen, was du kannst und nicht kannst. Aber ich möchte mein Umfeld zumindest kennen, ohne dass ich irgendjemandem nach dem Mund rede.«

Denn das ist die andere Gefahr: Sich zu schnell reinreden lassen, Konzepte zu früh ändern und damit eine Unruhe reinbringen, die gefährlich werden kann. »Wenn du zu früh die Reißleine ziehst, kannst du nicht wachsen. Vieles braucht Zeit. Da hilft mir das Beispiel aus der Natur: Säen, wachsen und ernten kann man in einem

Atemzug nennen, praktisch braucht es aber viel Zeit. Da wird viel zu früh reingeredet, aus Angst, einen Fehler gemacht zu haben.«

Klaus Jost hat schon früh erkannt, dass der Fitnessbereich im Sport Zukunft hat, und das Sortiment dementsprechend darauf eingestellt. Es ging ihm dabei nicht um den Kraftsport, sondern darum, sich überhaupt zu bewegen, in der Freizeit Sport zu treiben, weil es gesund ist und Krankheiten vorbeugt. Dieser lange Atem wurde belohnt.

»Sport ist die beste Medizin« hat Klaus Jost schon damals als Claim formuliert. Seine Erwartungen wurden weit übertroffen. Die Studie *Sportivity – Die Zukunft des Sports* vom Deutschen Zukunftsinstitut fasst es treffend zusammen:

Von Sport zu Sportivity: In Zukunft wird es nicht mehr darum gehen, Rekorde zu brechen, sondern darum, ein neues Lebensgefühl im Alltag zu verankern. Dieses Phänomen wird den Sport der kommenden Jahre massiv verändern. Die Gesellschaft des 21. Jahrhunderts wird sich ein komplett neues Universum schaffen.

Sport erfüllt Bedürfnisse aller Art, die zu jeder Zeit und in jeder Situation auftreten. Künftig wird er daher auch den letzten sportlosen Bereich erobern: die Arbeitswelt. So ist Sport immer mehr ein riesiger Markt für Inhalte, für Kleidung, für Dienstleistungen, für Ernährung und Gesundheit.[12]

Auch im privaten Bereich war eine besondere Art der Weitsicht nötig: Deborah, die erste Tochter, kam mit großen Schwierigkeiten auf die Welt. Andrea Jost hatte eine Schwangerschaftsvergiftung. Die Ärzte rieten zu einer Abtreibung/Ausschabung. Aber das Ehepaar Jost ist sich einig: Wir halten durch. Klaus betet die Nacht durch und vertraut auf Gott! Da der Termin der Ausschabung feststand, aber am nächsten Morgen doch wieder Herztöne zu hören sind, ist das eine absolute Achterbahnfahrt der Gefühle.»Und wenn wir unsere Tochter heute sehen, weiß ich, dass wir sehr dankbar sein können für diese Entscheidung – für diese Wunder.«

Es sind die ganz normalen Regeln der Unternehmenskommunikation und -führung, die Klaus Jost hier anspricht. Und sie gelten für viele andere Bereiche des Lebens auch.

Ja/Ja – Nein/Nein
Ergebnisoffen sein, dem Gegenüber auf Augenhöhe begegnen
Win/Win anstreben
Ehrlichkeit
Fördern und fordern.

Und es gibt noch zwei weitere Regeln, die Klaus Jost im Hinblick auf Unternehmensführung wichtig sind:
  – Auch mal das Unerwartete tun.

Das hat Klaus Jost Spaß gemacht. Trends setzen und entwickeln. Als Vorstand hatte er oft das richtige Näschen. Beim Tischkicker zum Beispiel. Den setzte er völlig spontan auf das Titelblatt eines Werbeflyers. Und es funktionierte. Der Verkauf boomte.

Klaus Jost konnte den Sportartikelmarkt europaweit beeinflussen

Aus dem Unerwarteten leitet sich dann die zweite Regel ab:
- Fehlertoleranz entwickeln.

Die gesteht Klaus Jost jedem zu. Bei sich selbst hat er da die größten Schwierigkeiten. Seine Idee, Kinder-Fahrräder als Werbeartikel in einem Prospekt als »Zugpferd« zu verkaufen, ist gefloppt. Denn die Kunden kamen nicht nur zum Kauf, sondern wollten das Fahrrad auch im Intersportgeschäft reparieren lassen. Das konnten viele Händler nicht leisten. So eine Fehlentscheidung ärgert ihn. Sehr sogar. Aber trotzdem hat er weiterhin innovative und mutige Entscheidungen getroffen, die Intersport gestärkt haben.

Klaus Jost hatte die Macht, den Sportartikelmarkt europaweit mit beeinflussen zu können. Wenn er eine bestimmte Marke nicht mehr im Sortiment haben wollte, konnte diese unter Umständen existenzielle Probleme bekommen. Das kann Druck erzeugen, und so eine Machtstellung kann missbraucht werden. Aber mit seiner klugen Entscheidung, dass die wahren VIPs nicht in Abendgarderobe durch die Boulevardmedien schreiten, sondern in der Firmenzentrale, an den Verhandlungstischen und in den Firmen der Geschäftspartner unterwegs sind, hat Klaus Jost sich selbst vor einigen Fehltritten bewahrt.

8

ENTSCHEIDEND IS AUFM PLATZ

»Grau is alle Theorie –
entscheidend is aufm Platz.«[13]

Als der ehemalige Duisburger und Dortmunder Profikicker Adi
Preißler diesen Satz von sich gab, war der Fußball noch schwarz-
weiß. Zumindest im Fernsehen. Gesagt haben soll er ihn vor seinem ersten Länderspiel im September 1951. Eine Fußballfloskel
mit philosophischem Tiefgang, denn die Verbindung zu dem Aus-
spruch »Grau, teurer Freund, ist alle Theorie und grün des Lebens
goldener Baum« aus Goethes Faust ist wohl kein Zufall.

Und beides stimmt: Der Fußball ist glücklicherweise nicht das
Spiegelbild der Gesellschaft, aber gesellschaftlich sehr relevant. Er
ist schon lange mitten im Leben angekommen, und die verbinden-
de Wirkung des Sports an sich und des Fußballs im Besonderen
ist vielfach zitiert und belegt. Fußball ist ein Milliardengeschäft
und ein Stammtischthema. Fußball interessiert Menschen aus allen
Schichten, Altersklassen und Ländern.

Fußball ist politisch. Und wird immer politischer. Was sich bis vor Kurzem bis auf wenige Ausnahmen meist darauf beschränkte, dass Staatsoberhäupter sich im Licht von Großereignissen sonnten und die »Bühne Fußball« für ihre Auftritte nutzen, so werden auch die Spieler selbst immer mehr zu Aktivisten.

Rund um die angestrebte Unabhängigkeit Kataloniens von Spanien sind es besonders der Verein FC Barcelona und einige seiner Spieler, die im öffentlichen Fokus stehen. Der Nationalspieler Gerard Piqué unterstützte die Abstimmung über die Unabhängigkeit Anfang Oktober 2017 und bot sogar seinen Rücktritt aus der Nationalmannschaft an. »Ich bin stolz auf das Verhalten der Menschen in Katalonien. Wählen ist ein Recht, das verteidigt werden muss«, sagte der Fußballer dazu.[14]

Fußball ist politisch

Und auch in Deutschland wird der Fußball selbst zur politischen Bühne. Wenn sich die komplette Mannschaft und der Trainerstab des Hauptstadtklubs Hertha BSC vor einem Bundesligaspiel am 14. Oktober 2017 durch einen kollektiven Kniefall mit vielen Sportlern in Amerika solidarisieren und so auf die rassistischen Probleme des Landes aufmerksam machen, dann wirkt das weit über die Stadt und unser Land hinaus. Ein Fußballverein aus Deutschland mischt sich in die internationale Politik ein und ist damit in aller Munde. Die WELT schrieb hinterher:

Hertha BSC war noch nie so berühmt, die Resonanz im Netz ist gewaltig. Allerdings sind die Menschen gespalten. Die Trumpisten und Rechtsdenker schäumen vor Wut, sie

beschimpfen die Berliner als peinliche Trittbrettfahrer [...]
Aber es gibt auch viel Lob. Schließlich galten Fußballer bis
vor Kurzem als vergleichsweise unpolitisch. Als Leisetre-
ter und Duckmäuser, die statt eines Kopfes einen Ball auf
dem Hals haben.[15]

Klaus Jost mag den Fußball. Besonders Eintracht Frankfurt. Weil er
ein waschechter Frankfurter ist. Den FC Bayern München respek-
tiert er, aber nicht als Fan, sondern wegen der unternehmerischen
Leistung.

Sport und Wirtschaft sind ein gutes Team.

Was in Deutschland mit dem berühmten »Adi, stoll auf« be-
gann, der Aufforderung von Bundestrainer Sepp Herberger an
Adolf Dassler, doch die Schraubstollen anzulegen, damit die Fußballnationalmannschaft einen besseren Halt als deren Gegner hatte,
führte schlussendlich nicht nur zum WM-Titel von 1954, sondern
bereitete den Weg für den Siegeszug der Sportartikelindustrie.

Denn entscheidend ist aufm Platz. Auch in anderen Sportarten.

Die Sportartikelindustrie beeinflusst den Sport. Und Klaus Jost
war lange Zeit mittendrin, musste genau wissen, was in welcher
Sportart gerade angesagt war. Auch oder gerade im Spitzensport.
Denn die Topathleten bekommen zuallererst die Neuentwicklun-
gen, die dann später auch an die Breitensportler verkauft werden.
»Die Firmen versuchen, ihre Produkte permanent zu verbessern«,
sagt Klaus Jost. »In vielen Sportarten wird durch den Verband vor-
gegeben, wie groß und schwer das Material sein darf. Und deshalb
lautet die wichtigste Frage der Industrie: Wie kann ein Schuh, Ball
oder Schläger technisch besser werden, ohne illegal zu sein? Es wird
versucht, innerhalb des Regelwerks die Grenzen auszuloten. Denn
das kann über Sieg und Niederlage entscheiden.«

Beispiele gibt es genug: »Besonders deutlich wurde es beim Schwimmsport. Da wurde vor Jahren ein spezieller Hightech-Schwimmanzug entwickelt, der die Athleten durch das Gleitmaterial zwei bis drei Sekunden schneller gemacht hat. Der wurde im Jahr 2010 allerdings wieder verboten.

Auch der Bobsport ist ein gutes Beispiel. Hier kommt es auf Hundertstelsekunden an, und schon der Start entscheidet manchmal das gesamte Rennen. Da spielt besonders die Kraft der Anschieber eine große Rolle, und diese Kraft wird vor allem durch das richtige Schuhwerk übertragen. Also investieren einige Marken eine Menge, um die besten Schuhe zu produzieren, zu optimieren, und hoffen, dabei mit den Siegern im medialen Rampenlicht zu stehen.«

Die Sportartikelindustrie beeinflusst den Sport – Besseres Material, bessere Leistungen

Meistens geht es darum, schneller zu werden, aber manchmal wird der Sport so schnell, dass man gegensteuern muss. Beim Tischtennis sind die Bälle im Jahr 2001 größer geworden, damit sie langsamer fliegen. So sind sie für die Zuschauer besser zu sehen, und dieser Sport wird wieder attraktiver.

Der Sport entwickelt sich weiter. Nicht nur in Sachen Material, sondern auch in der Art der Ausübung. »In Zukunft wird es nicht mehr darum gehen, Rekorde zu brechen, sondern darum, ein neues Lebensgefühl im Alltag zu verankern«, schrieben die Herausgeber der Studie *Sportivity – Die Zukunft des Sports* vom Deutschen Zukunftsinstitut bereits 2014. »Dieses Phänomen wird den Sport der kommenden Jahre massiv verändern. Die Gesellschaft des 21. Jahrhunderts wird sich ein komplett neues sportliches Universum schaffen.«[16]

Und dieser Prozess ist in vollem Gange. Die Anmeldungen in Sportvereinen nehmen insgesamt gesehen eher ab. Die Menschen machen den Sport zu einem Individualereignis. Ich mache dann Sport, wenn ich Lust habe und mit wem ich will.

Die Studie sieht sieben Bedürfnisse der Menschen, die sie durch den Sport befriedigen wollen:

1. Unterhaltung
2. Selbstdarstellung
3. Ausgleich
4. Gesunderhaltung
5. Selbsterweiterung
6. Identitätsbildung
7. Thrill

Diese sieben Bedürfnisse werden in der Studie ausführlich behandelt. Überschrieben ist diese Auflistung mit dem Satz: Antworten auf diese Anforderungen zu finden, wird die Aufgabe aller Beteiligten und Institutionen der kommenden Jahre sein.[17]

Damit ist auch die Sportartikelindustrie gemeint. Zu jedem dieser Bedürfnisse gibt es eine unendliche Produktpalette, die es den Unternehmen ermöglicht, das perfekte Equipment zu liefern. Und sie liefern.

Laut Studie ist es besonders die Arbeitswelt, die vom Sport erobert wird. Nicht nur Arbeitgeber wie Adidas und Puma haben die Zeichen der Zeit erkannt und setzen ihren Mitarbeitern gute Sportangebote vor die Nase. Immer mehr gehören Betriebsyoga, Laufgruppe und Fitnessstudio zur Firmenausstattung. Für Klaus Jost sind solche Entwicklungen nicht neu. Auch bei Intersport hat er den Sport in seine Arbeitszeit integriert. Aus sportlichen und pragmatischen Gründen. Früher ist es häufig mit Mitarbeitern und Geschäftspartner laufen gegangen. »Viele Geschäftsvorgänge kann man bei einem gemeinsamen Lauf in der Mittagspause besprechen, es bietet sich auch an, zwischen Meeting und Abendessen eine gemeinsame Runde zu drehen, um wieder aufzutanken«, sagt er in einem Interview, das ebenfalls bei einer Joggingrunde stattfand.[18] Darüber hinaus organisierte er viele Fußballspiele gegen starke Mitgliederteams/Lieferanten oder Fitness-/Rückenschulkurse für seine Mitarbeiter.

Öffentlichkeitsarbeit und Fitness – perfekt kombiniert. Und auch im übertragenen Sinn ist der Sport für Klaus Jost am Arbeitsplatz unersetzlich. Denn viele Werte, nach denen er sein Berufsleben ausrichtet, sind im Sport beheimatet. Einfache Regeln, die leicht gesagt sind, aber Sie wissen ja: Entscheidend ist aufm Platz.

Werte im Sport sind Werte im Beruf und im Leben

Das beginnt mit der Zieldefinition. »Wenn ich bei einem Wettkampf antrete, dann möchte ich gewinnen, und wenn das nicht geht, dann aber das bestmögliche Ergebnis herausholen. Ich bin kein Sportler, der nur aus Spaß an der Freude dabei ist. Ich bin ehrgeizig. Ich freue mich darüber hinaus an guten Leistungen, passend zum Alter.«

Übertragen heißt das: Wie gehe ich ein Projekt im Beruf an? Hauptsache dabei? Schauen wir mal, was dabei herauskommt? Oder: Ich will das bestmögliche Ergebnis erzielen! Diese Überlegung ist maßgeblich mitentscheidend.

Dann geht es um ein faires Miteinander. Siegen ja, kämpfen auch, aber nicht mit allen Mitteln. Fair geht vor. Respekt ist angesagt. Auch ein sehr inflationär gebrauchtes Wort. Gerade im Sport. Aber was bedeutet das zu Ende gedacht? Klaus Jost denkt es sehr konsequent zu Ende.

Beim Feldbergfest im Taunus, dem ältesten Bergturnfest im deutschsprachigen Raum, hat Klaus Jost schon mehrmals den ersten Platz in seiner Altersklasse gewonnen. Einmal allerdings unverdient.

»Vor dem letzten und entscheidenden Lauf lag mein Kontrahent deutlich vor mir, doch im Lauf zerrte er sich. Ich konnte also nicht nur an ihm vorbeiziehen, sondern holte auch den Gesamtsieg. In dem Moment, als ich meinen sportlichen Gegner überholte, habe ich mich gefreut: Den haste! Aber im nächsten Moment habe ich mich geärgert: Du Idiot! Schadenfreude ist nun wirklich nicht angebracht. Du hast von seiner Verletzung profitiert. Ansonsten hättest du nie gewonnen.«

Fair Play. Auch im Beruf. Es geht nicht darum, aus den Schwächen des anderen Kapital zu schlagen und sich aufgrund des Unglücks anderer besonders hervorzuheben. Schadenfreude will beherrscht werden. Und das kann man einüben.

Eine weitere Parallele aus dem Sport ist die Selbstdisziplin. Vorbereiten, trainieren und sich den Herausforderungen stellen. »Es ist komplett falsch, sich nur auf sein Talent zu verlassen. Das weiß jeder Profisportler, und nur die, die diese Gewissheit auch ernst nehmen und an sich arbeiten, haben Erfolg. Ich habe mich auf jedes Meeting vorbereitet. Das beginnt schon mit der Planung der Anreise. Ich wurde für einen Perfektionisten gehalten und manchmal sogar belächelt, egal, ob ich ein Spitzenmeeting vorbereitet habe oder eine Weihnachtsfeier für meine Mitarbeiter.«

Parallelen zum Sport gibt es genug:

»Als Tischtennisspieler weiß ich, wie mühsam und nervig es ist, immer wieder die Rückhand zu trainieren. Aber genau darum geht es. Dranbleiben, um noch besser zu werden.«

Oder:

»Wenn ich einen Sieg eingefahren habe: Mit welcher Mentalität gehe ich in die nächste Trainingswoche? Mache ich weniger, weil ich den Erfolg auskosten will, oder gebe ich richtig Gas?«

Und umgekehrt:

»Wie gehe ich damit um, wenn mir eine haushohe Niederlage droht? Werde ich unfair, lasse ich meinen Frust raus oder gebe ich weiter vollen Einsatz, auch wenn ich weiß, dass ich trotzdem verliere?«

Mit all diesen Beispielen beschreibt Klaus Jost den Unterschied zwischen professionellem und unprofessionellem Verhalten. Dabei lohnt es sich, dem Begriff »Professionalität« genauer auf den Grund zu gehen.

Professionalität bedeutet Mitgefühl und Anstand

Der Change-Management-Experte Winfried Berner widmet sich in einem sehr lesenswerten Artikel dem professionellen Verhalten in der Geschäftswelt und stellt dabei heraus, dass Professionalität weit mehr bedeutet als nur Leistung und Können. Für ihn geht es um Wertmaßstäbe. Und zwar:

Nicht nur bei der Arbeit, die man abliefert, sondern in seinem gesamten Geschäftsgebaren und in seinem Umgang mit Menschen – unabhängig von Dienstrang und Namen, und gleich ob einem jemand noch nützlich sein kann oder nicht. Genau hier scheidet sich die Spreu vom Weizen.

Denn sich ins Zeug zu legen, wenn es um einen Auftrag, um zählbare Ergebnisse oder um eine Beförderung geht, hat nichts mit Professionalität zu tun, das ist schlichter Ehrgeiz bzw. Geschäftssinn.[19]

Wahre Professionalität zeigt sich für Berner demnach, wenn jemand Leistung bringt, auch wenn keine Gegenleistung zu erwarten ist. Er übersetzt Professionalität mit »Anstand« und »Pflichtgefühl«. Das erinnert in überspitzter Form an die Win-win-Erklärungen von Klaus Jost im vorherigen Kapitel. Die von Berner beschriebenen und von Jost befolgten Werte mögen konservativ sein, aber sie generieren Mehrwert.

»In allem habe ich gelernt, dass Entscheidungen immer nur dann langfristigen und gesunden Erfolg haben, wenn alle Integrierten etwas davon haben«, sagt Klaus Jost. »Mit langfristig und gesund meine ich, dass keiner der Beteiligten leiden oder die Zeche zahlen muss.«

Das gilt für den Sport, für die Geschäftswelt und für die persönlichen Beziehungen von uns Menschen. Wenn immer einer unterliegt, hat er irgendwann keine Lust mehr.

Auf den Sportverein, auf den Job oder auf die Beziehung. Und dann meldet er sich ab. Profis haben das im Blick. Dabei müssen die Profis nicht immer die Chefs sein. Aber schaden kann es nicht.

Im Job achten sie auf Gleichberechtigung in der Mitarbeiterschaft. In der Beziehung auf die Gleichberechtigung beider Partner. Und im Sport? Da hat Klaus Jost gleich zwei schöne Beispiele parat. Aus der Kategorie »Aufm Platz«. Diesmal nicht aus der Welt des Fußballs, sondern aus der Leichtathletik und vom Turnen.

Olympia 2016: Der deutsche Turner Andreas Toba zog sich bei der Qualifikation für das Mannschaftsfinale in der ersten Übung einen Kreuzbandriss zu. Aufgeben? Keine Option. Er kämpft weiter für die Mannschaft und unter großen Schmerzen. Die deutsche Mannschaft zieht ins Finale ein. Für Andreas Toba ist Olympia zwar vorbei, aber er geht mit seinem Sportsgeist in die Geschichte ein – ohne es darauf abgesehen zu haben.

Auch das zweite Beispiel stammt von den Olympischen Spielen 2016 in Rio: Beim Vorlauf über 5 000 m stürzen die Langstreckenläuferin Abbey D'Agostino und Nicky Hamblin. D'Agostino zog sich dabei einen Kreuzbandriss zu. Hamblin lief nicht sofort weiter, sondern half D'Agostino hoch, und beide beendeten das Rennen. Die Platzierung war in diesem Moment egal. Es ging um mehr als um das Rennen. Es ging um Professionalität.

Klaus Josts Quick-Tipp – Mitarbeiterführung und die Kunst, sich dabei nicht zu verlieren

... **Entscheiden Sie sich bewusst dafür, Ihre Mitarbeiter zu lieben.** Das bedeutet: Abschied nehmen von einem vorgefertigten Raster, wie Menschen sein müssen, damit ich sie mag. Es gilt, die Menschen in ihrer Individualität anzunehmen und wahrzunehmen. Menschen sind nun mal unterschiedlich. Aber es sind alles Gottes Geschöpfe. Eine bewusste positive Herangehensweise wirkt manchmal Wunder.

... **Überlegen Sie sich, wie es gelingen kann, die verschiedenen Typen mit den Anforderungen der Branche, in der Sie arbeiten, zusammenzuführen.** Als Führungskraft sind Sie der Vermittler zwischen Unternehmen und Mitarbeiter. Wenn der Spagat gelingt, profitieren alle Seiten. Der richtige Mann am richtigen Platz ist nicht nur im Fußballteam der Erfolgsfaktor. Sie brauchen nicht nur Mittelstürmer oder Mittelfeldregisseure, sondern auch die Abwehr und die »Läufer«. Dabei ist es die Kunst, alle als wertvoll und »gleichberechtigt« anzuerkennen, auch wenn die Tore nun mal im Fokus stehen ...

... **Seien Sie ein Vorbild.** Kein Mr. 1000 Prozent, der immer noch einen draufsetzt und alles toppt. Den

Ansprüchen werden Sie nie gerecht und außerdem bauen Sie so auch kein natürliches Vertrauen zu Ihren Mitarbeitern auf. Vorbild wird man, indem man sich auch als Vorgesetzter der Belastung stellt und nicht alles wegdelegiert. Vorbilder sind erreichbar, ansprechbar, belastbar und dabei »ehrlich freundlich«!

… **Um Grenzen zu überwinden und Mitarbeiter dabei mitzunehmen, braucht es Motivation.** Überlegen Sie, wie Sie für Ihre Mitarbeiter Freiräume schaffen können, in denen sie neue Kreativität entwickeln können, in denen sie mitreden dürfen und keine Angst haben müssen, Fehler zu machen. Dabei ist es wesentlich für den Erfolg, echte Wertschätzung zu geben und notwendige Kritik immer unter vier Augen anzusprechen. Bei Kritik von außen stellt sich eine gute Führungskraft erst einmal uneingeschränkt vor seine Mitarbeiter. Dieses Vertrauen erzeugt Kraft und gibt Zutrauen für neue Herausforderungen. Natürlich muss bei wirklichem Fehlverhalten auch korrigiert werden.

… **Interessieren Sie sich für Ihre Mitarbeiter auch bei privaten Themen.** Je nach Unternehmensgröße und Zuständigkeitsbereich vielleicht nicht für alle, aber zumindest für die nächsten drei Führungsebenen. Seien Sie nahbar, aber übergehen Sie keine installierte Ebene bei einer Entscheidung.

… **Setzen Sie machbare Ziele,** die sie dann auch gemeinsam feiern. Teilen Sie die großen Ziele in gut verdauliche Einzelteile, damit der Mitarbeiter seinen Anteil daran erkennt. Feiern Sie den Einsatz Ihres Teams auch, wenn die Ziele nicht erreicht werden. Lassen Sie alle an den Ergebnissen Anteil haben und erklären Sie genau, was erreicht wurde und was nicht.

… **Führungskräfte besitzen meist kein echtes und direktes Korrektiv.** Das bedeutet aber nicht, dass sie das nicht benötigen. Sich selbst auf die Schultern zu klopfen macht wenig Spaß. Sich selbst zu korrigieren auch nicht. Beides ist auch nicht sehr effektiv. Hier haben viele Führungsetagen Nachholbedarf. Deshalb: Suchen Sie sich einen Mentor, der sowohl Unangenehmes ansprechen darf, Sie aber auch bestärken und loben kann. Lassen Sie Korrektur zu. Nicht von jedem, sondern von Menschen, denen Sie vertrauen und die ein echtes Gegenüber sind. Schwer. Ein guter und passender Coach, ein Mentor oder einfach ein adäquater Gesprächspartner liegen nicht auf der Straße, aber es gibt sie.

.... Passen Sie auf sich auf. Belohnen Sie sich für anstrengende Tage mit angenehmen Zielen. Essen gehen mit dem Ehepartner, ein Konzert, die Joggingrunde, der Skatabend. Behalten Sie Ihren Körper und Ihre Seele im Auge. Jede Woche sollte zumindest ein kleines Highlight für Vor- und Nachfreude sorgen!

9

DER QUELLCODE

Es ist aber der Glaube eine feste Zuversicht dessen,
was man hofft, und ein Nichtzweifeln an dem,
was man nicht sieht.[20]

Auf die Frage, was Spitzensportler von Managern lernen könnten, antwortete Klaus Jost auf einer Veranstaltung: »Gar nichts. Im Gegenteil: Die Manager können von den Spitzensportlern lernen. Und zwar einiges.« Und dann fügte er hinzu: »Außerdem orientieren sich auch die Manager heutzutage immer mehr an der Bibel.«

Ungläubige Blicke.

»Doch, es gibt immer mehr Bibelzitate in der Wirtschaft und in der Politik, weil man weiß, dass da viel Wahres dran ist.« Dann macht Klaus Jost eine Pause. »Nur mit dem daran Halten ist es so eine Sache«, fügt er schmunzelnd hinzu. Damit hat Klaus Jost ein globales Phänomen beschrieben, denn nicht nur Politikern und Managern fällt es schwer, sich an biblische Richtlinien wie die Zehn Gebote zu halten. Das geht wohl jedem Menschen so.

Dass die biblischen Lebenstipps Relevanz haben, steht für viele außer Frage. Schwieriger wird es mit dem Übertrag in die Gegenwart. Wie kann ich aus einem jahrtausendealten Buch etwas auf die Gegenwart an sich und dann noch auf die eigene individuelle Situation übertragen?

Die letzten Kapitel lassen schon einiges darüber erahnen, wie Klaus Jost diese Frage löst.

Gerade weil ich dem Zeitgeist unterworfen bin, brauche ich die Bibel und den Glauben als meinen Quellcode

Mit einem Grundvertrauen auf Gott, dass dieser lebendig ist und in seinem Leben wirkt. Auch heute noch.

Mit einem Grundvertrauen darauf, dass Gott es mit uns Menschen grundsätzlich gut meint und alle Menschen liebt.

Und mit Gottes Wort, der Bibel.

»Gerade weil ich dem Zeitgeist unterworfen bin, brauche ich die Bibel und den Glauben als meinen Quellcode«, sagt Klaus Jost.

Der Quellcode.

Ein Begriff aus der Informatik. Es ist der »für Menschen lesbare, in einer Programmiersprache geschriebene Text eines Computerprogrammes«. Dieser Übertrag lohnt sich: Das Geheimnis des Lebens ist ein hoch entwickeltes Computerprogramm, dessen Sinn und Nutzen durch einen Quellcode für uns Menschen übersetzt wurde.

Der Entwickler und Schöpfer, Gott, hat uns einen Quellcode hinterlassen. Einmal das Wort, an dem viele Ingenieure (biblische Autoren) mitübersetzt haben. Das Programm an sich ist fehlerfrei, aber der Quellcode ist nicht so leicht verständlich. Wer den Quellcode von richtigen Computerprogrammen schon einmal gelesen hat, wird es wissen: Trotz der heruntergebrochenen Erklärung stehen einem noch ganz schön viele Fragezeichen ins Gesicht geschrieben.

Beim christlichen Glauben ebenfalls.

Selbst wenn dieser Quellcode extra für uns Menschen entwickelt wurde, musste der Entwickler miteinkalkuliert haben, dass es zu Missverständnissen und Fragen kommen kann; dass ein- und derselbe Bibelvers völlig unterschiedlich verstanden werden kann und es deshalb zu Auseinandersetzungen kommt.

Deshalb gab es noch ein Update des Quellcodes: Das Wort wurde zur Person. Jesus wurde geboren. Und mit dem Vertrauen darauf, dass Gott durch seinen Sohn Jesus Christus auf diese Welt gekommen ist, um mit uns Menschen in eine Beziehung zu treten, wird der Quellcode verständlicher. Denn diese Beziehung, die nicht von dieser Welt ist und die darin endete, oder besser gesagt ihren richtigen Anfang nahm, als er am Kreuz auf Golgatha für die Sünden aller Menschen starb, nach drei Tagen wieder lebendig wurde und damit die gesamte Menschheit erlöste: Sie ist der Kern des christlichen Glaubens.

In diesem mit wenigen Worten beschriebenen christlichen Glaubensbekenntnis liegt sehr viel Zündstoff. Über jeden Satzteil, nein, über jedes einzelne Wort sind dicke Bücher geschrieben worden. Und zwar zu Recht. Trotzdem hat die Verkürzung als eigene Vergewisserung und als Zeugnis ihre Berechtigung. Klaus Jost glaubt daran. An die Dreieinigkeit Gottes, an ein Leben nach dem Tod und daran, dass das Wort Gottes auch heute noch eine Relevanz hat, die uns Menschen im Zusammenleben guttut und nicht schadet.

Er erwartet nicht, dass andere auch daran glauben. Er freut sich aber, wenn sie es tun, und er wünscht sich, dass viele diesen Glauben auch für sich entdecken. Und mithelfen, den Quellcode zu entschlüsseln. Spuren gibt es einige. Denn das Besondere an den Überlieferungen von Jesus ist, dass sie trotz längst vergangener Zeiten mehr denn je für unsere Menschheit Relevanz haben. Seine Worte und Taten waren revolutionär. Das war übrigens auch ein Grund, warum er damals von vielen Menschen in Israel und deren Besatzern, den Römern, beiseitegeschafft werden sollte.

Die Goldene Lebensregel ist revolutionär

Ein vermeintlich simpler Lebenstipp für uns Menschen von Jesus verdeutlicht das. Er sagte einmal:

- Liebe Gott
- Liebe deinen Nächsten wie dich selbst

Dieses »Doppelgebot der Liebe« ist Gold wert. Eigentlich steckt hier noch ein drittes Element drin. Die Voraussetzung nämlich, mich selbst annehmen zu können, weil Jesus mich angenommen hat. Auch andere Bereiche und Religionen haben den Inhalt dieses Dreiklangs für sich entdeckt, und ein ähnliches Sprichwort wird völlig säkular als die »Goldene Regel der praktischen Ethik« betitelt:

Behandle andere immer so, wie du selbst auch behandelt werden willst. In der Politik, in der Wirtschaft, im Sport, in der Familie und so weiter. Vieles von dieser Regel wurde in diesem Buch anhand von Klaus Josts Leben schon deutlich.

Sich selbst achten.

Das bekommt Klaus Jost ganz gut hin. Auch wenn er von sich mehr erwartet als von anderen und mit sich selbst härter ins Gericht geht als mit seinen Mitmenschen. Er ist selbstbewusst, sich seiner selbst bewusst und kann so guten Gewissens von sich wegsehen und andere in den Mittelpunkt stellen. Ein wichtiger Faktor für eine Führungskraft.

Den Nächsten achten.

»Das beginnt, wenn man am ganz großen Rad der Wirtschaft dreht«, sagt Klaus Jost. »Wie gehe ich mit meinen Mitarbeitern um, mit meinen Geschäftspartnern oder auch mit meiner Familie? In der Wirtschaft geht es oft darum, Kosten zu sparen. Diese ›gesparten‹ Kosten tragen dann aber meist entweder die Umwelt oder die Menschen. So achte ich meinen Nächsten nicht.« Dieses Thema beschäftigt Klaus Jost häufig und er wird nicht müde, darüber zu reden. Er ist ein Verfechter des Nachhaltigkeitsprinzips. Nicht, weil es in der Bibel steht. Sondern weil es sich bewährt hat.

Den Nächsten achten.

Dazu gehört auch, sich über den Nächsten zu informieren, ihn wahrzunehmen. Im Betrieb zum Beispiel. Und ihn wertzuschätzen. »In einer Leitungsfunktion muss ich wissen, in welchen Abteilungen welche Typen arbeiten. Am Beispiel von der Marketingabteilung und der Buchhaltung kann man das gut beschreiben. In diesen Abteilungen sind völlig unterschiedliche Fähigkeiten vonnöten und deshalb sitzen da auch die unterschiedlichsten Charaktere. Meistens steht das Marketing im Fokus, weil diese Typen die Ideen vorantreiben, innovativ sind und den Erfolg bringen, weil sie Produkte bekannt machen. Stimmt aber nicht alleine. Gerade die Bewahrer und Mahner in der Buchhaltung sorgen dafür, dass der Erfolg auch gesichert wird. Beide sind gleichwertig.«

Mitarbeiterführung hat viel mit der Achtung des Nächsten zu tun. »Wenn ich rauskriege, wo mein Mitarbeiter seine Interessen und Gaben hat, dann kann ich seine Stärken besser einsetzen und ich weiß, wo er nicht über seinen Schatten springen kann. Wenn ich seine Grenze kenne, dann brauche ich ihn auch nicht hundert Mal danach fragen; dann kann ich eher akzeptieren, dass ich für diese Aufgabe eben jemand anderen suchen muss.«

Das Interesse am Mitmenschen hat natürlich nicht nur betriebswirtschaftliche Facetten. Da, wo es am naheliegendsten scheint, wird es oft am schmerzlichsten vermisst: in der Familie, der Ehe oder der Freundschaft. Auch das hat ganz viel mit der Selbstliebe zu tun. Wenn ich mich nicht akzeptiere und mag, dann wird es schwierig, andere zu mögen.

Schnell spielt sich eine Routine ein. Mein Nächster ist nicht mehr interessant und wird demzufolge auch nicht mehr geachtet. Das kleine Einmaleins der Kommunikation verlernt man schnell, kann es aber glücklicherweise wieder reaktivieren.

Das Interesse am Mitmenschen fehlt oft

Ein einfaches und ernst gemeintes »Wie war dein Tag, Schatz?« wirkt manchmal Wunder. Klaus Jost sind die zwischenmenschlichen Beziehungen wichtig. Er integriert sie immer wieder in seine Vorträge und Referate. Egal vor welchem Publikum er gerade spricht.

Und dann: Die Gottesliebe.

Wie wird sie praktisch? Wie ist hier der Quellcode zu entschlüsseln? Bibel lesen? Beten? Die Gebote halten? Klaus Jost würde all diese Fragen mit »Ja, aber ...« beantworten. Bibellesen, Beten, Gemeinschaft mit anderen Christen und die Zehn Gebote gehören dazu, um mit Gott in Kontakt zu treten und Leben zu gestalten. Es macht schon Sinn, dem Quellcode auf der Spur zu sein und somit immer enger zu dem Geheimnis des Lebens vorzudringen und dabei selbst für seinen Alltag zu profitieren.

Aber der wichtigere Teil des Quellcodes ist die Gewissheit, dass Gott uns Menschen individuell geschaffen hat und wir ihn deshalb auch individuell lieben dürfen. Nach unseren Gaben und Talenten, Neigungen und unserem Charakter. In unserem ganzen Sein und mit unserer Berufung.

Gott lieben, bedeutet leben

Das bedeutet, wir lieben Gott, indem wir einfach leben.

Einfach leben.

Und unsere Gaben und Talente gebrauchen.

Klaus Jost hat früher Jugendkreise geleitet, sehr früh schon Verantwortung übernommen. Er hat damit Gott geliebt. Er hat nie im Chor gesungen oder Kuchen für das Gemeindefest gebacken. Weil diese Art der Gottesliebe nicht seine Stärke war.

Er hat schon sehr früh die Finanzen der Familie mitbestimmt. Und damit Gott geliebt. Die Art, wie er später seinen Job gefüllt und erfüllt hat, war eine Art der Gottesliebe. Manchmal bewusst und oft unbewusst.

Der Schlüssel zu dieser Stelle des Quellcodes ist die Gewissheit, dass wir uns nicht besonders anstrengen müssen, um Gott zu gefallen. Denn er hat uns geschaffen und er hat uns das Prädikat »sehr wertvoll« gegeben. Also dürfen wir leben und, wie es Gott im Schöpfungsbericht in Auftrag gegeben hat, die Schöpfung »bebauen und bewahren«. Nach unseren Gaben. Da warten einige Überraschungen, denn manchmal entdecken wir Talente, von denen wir nicht mal ahnten, dass wir sie haben.

Gott zu lieben, bedeutet nicht, perfekt zu sein. Hier hilft der Quellcode der Bibel enorm: Unfassbar viele Menschen, die mit und für Gott unterwegs waren, hatte niemand auf dem Zettel: Mörder, Prostituierte, Kleingläubige, Lügner, Habgierige, Ängstliche …

Gott zu lieben, heißt auch nicht, sein Licht unter den Scheffel zu stellen und besonders klein zu wirken. Auch hier beschreibt die Bibel gestandene Persönlichkeiten: schöne Frauen, kluge Männer, mutige Ladys und edle Ritter.

Der Quellcode hilft nicht nur im Detail, sondern auch, wenn man aufs Gesamte schaut. Und da zieht sich ein Gedanke quer durch die ganze Bibel: Gott liebt dich. Egal was passiert. Eingerahmt davon ist es wichtig, Folgendes zu beherzigen:

Liebe Gott.

Liebe deinen Nächsten.

Und liebe dich selbst.

Um diesen Quellcode und damit dem Geheimnis des Lebens nahe zu bleiben, kommen immer wieder ganz natürlich die oben genannten Aspekte der Gottesliebe ins Spiel. Aus eigenem Interesse. Das Gebet zum Beispiel. Denn das ist für Klaus Jost enorm wichtig.

10

UND JETZT?

Da geht noch was.
Aber nicht mehr um jeden Preis!

Es ist ein Phänomen: Wenn man nachts wach liegt, sind es meist die negativen Gedanken, die sich den Weg ins Gehirn bahnen und ordentlich Unruhe stiften. Man kann sich und die Probleme hin und her wälzen bis zum Morgengrauen – ein zufriedenstellendes Ergebnis kommt meistens nicht dabei heraus.

Bei Klaus Jost ist die Nacht so manches Mal um vier Uhr vorbei und dann dreht sich das Gedankenkarussell. Immer schneller. Es geht natürlich auch um seine Zukunft. Was kommt jetzt? Was ist der Plan für meine Zukunft? Da stellt er sich oft die Frage: Und jetzt? Typisch Mensch und vor allem typisch Manager.

Aber noch mehr belasten ihn Schicksalsschläge, Krankheiten und Probleme der Menschen aus seinem Umfeld. Auch hier denkt er: Und jetzt? Wie soll XY mit dieser Krankheit weiterleben? Was kann ich tun? Was können wir tun? Auch das ganz große und globale Gedankenrad wird gedreht: Und jetzt, Welt!? Wo steuern wir hin? Was passiert in den nächsten Jahren und Jahrzehnten mit unserem Planeten? Diese Fragen hat Klaus Jost garantiert nicht exklusiv, und genau deshalb werden sie hier erwähnt. Denn die einzige Möglichkeit, die Klaus Jost sieht, um diese Gedankenspirale zu stoppen, ist: das Gebet zu Gott!

»Wenn ich bete, dann fühle ich mich hinterher richtig gereinigt«, sagt er. »Im Gebet kann ich Gott meine Probleme abgeben und Menschen begleiten, von denen ich weiß, dass es ihnen schlecht geht. Dann sind die Probleme nicht aus der Welt, aber es hilft, um die negativen Gedanken zu durchbrechen.«

Das Gebet zu Gott reinigt

Die Last abgeben. Reinigen lassen. Beten. Zu Gott. Klaus Jost glaubt nicht, dass er Gott mit seinem Gebet etwas Neues erzählt oder dass mit dem Gebet eine Pflicht erfüllt wird, Gott über die Lage der Nation zu informieren. Nein, das Gebet ist in erster Linie für uns Menschen gedacht. Klar freut es Gott, wenn wir mit ihm reden und eine Beziehung zu ihm aktiv gestalten, aber der meiste Mehrwert ist doch für uns Menschen gedacht. Und dieser Mehrwert kann sich durchaus durch Gebetserhörungen ergeben. Daran glaubt Klaus Jost ganz fest. Dass er für etwas betet, was dann auch tatsächlich eintrifft.

Wobei es im Umkehrschluss sehr wichtig ist zu betonen, dass das nicht heißt: Wenn du viel betest, trifft etwas eher ein, als wenn du wenig betest. Oder noch schlimmer: Wenn du richtig glaubst und betest, dann werden deine Gebete auch erhört, und wenn nicht, dann nicht. Solche Glaubensüberzeugungen sind fatal, und gerade für Menschen, die in tiefen Krisen stecken, pures Gift. Denn es ist ja nicht immer klar und sofort erkennbar, dass eine Gebetserhörung wirklich eine Gebetserhörung ist.

Ein schwieriges Thema. Deshalb ist es für Klaus Jost vor allem das tiefe Vertrauen zu Gott, das ihn beten lässt. Das Vertrauen, dass Gott alles ändern kann und die Welt in seiner Hand hält. Das Vertrauen, dass Gott weiter sieht als er selbst, den noch größeren Zusammenhang kennt und deshalb weiß, wann er wie agieren muss. Es ist und bleibt eine Glaubenssache. Es ist schon gut, dass Frömmigkeit und Glauben nicht mit menschlichen Maßen messbar sind. Das ist anstrengend, denn man möchte doch etwas Zählbares bekommen. Das ist zutiefst menschlich.

Und da ist auch etwas, was Klaus Jost bekommt. Keine Fakten und Daten, aber doch etwas Handfestes. Beim Abgeben, Reinigen und Umbeten spürt Klaus Jost: Er wird beschenkt. Mit Frieden. Nicht mit einem »Alles ist in Butter«-Frieden, sondern einem Gefühl, das Hoffnung gibt und Motivation schenkt, die nächsten Schritte anzugehen. Oder einfach abzuwarten. Letzteres fällt Klaus Jost meistens schwerer.

Aber innerlich zur Ruhe zu kommen, ist gerade für Typen wie Klaus Jost wesentlich. Für Macher und Manager grundsätzlich überlebenswichtig. Es ist ein Appell an alle Menschen, denen viel zugemutet wird, die stark wirken, auch stark sind und deshalb in Beruf, Familie und Gemeinde als Verantwortungs- und Lastenträger gesehen und dementsprechend auch frequentiert werden: Suchen Sie sich Ruhepunkte, Plätze und vor allem ein Gegenüber, an denen und bei dem Sie auftanken können. Sein können. Selbst gesehen werden. Nicht als Macher, sondern als Mensch.

Menschen in Führungspositionen brauchen Rückzugsorte

Denn gerade Macher und Menschen in Führungspositionen suchen und sehnen sich nach Sicherheit. Nach Orientierung und einem Kompass. Nach dem seelischen Gleichgewicht. Vielleicht können sie besser mit Extremsituationen umgehen, sachlicher und lockerer bleiben, aber auch Führungskräfte benötigen Rückzugsorte. Allein das zuzugeben, fällt vielen schwer.

Vor allem denen, die in der Öffentlichkeit stehen. Weil sie sich dadurch scheinbar verletzlich machen und angreifbar sind. Das ist verständlich. Da ist es unheimlich wertvoll, einen direkten Draht zu Gott, zu Jesus Christus zu haben! Denn viele von diesen Menschen bewegen sich in einer Welt, in der Schwäche nicht vorgesehen ist und immer nur »höher – schneller – weiter« zählt. Der zweite Platz ist oft schon der erste Verlierer, und um ganz oben auf das Treppchen zu gelangen, wird mit allen fairen und unfairen Mitteln gekämpft. Da geht es in der Geschäftswelt genauso zu wie im Spitzensport. Hier outen sich auch nur wenige Sportlerinnen und Sportler, wenn sie am Druck zu zerbrechen drohen, weil Medien, Mannschaftskollegen, Sponsoren und Fans sie ansonsten zerreißen.

Die Dunkelziffer an Depressionserkrankungen ist in solchen Branchen dementsprechend hoch. Die schlimme Spitze des Eisbergs sieht man meistens nur, wenn sich mutige Promis wie der Fußballtrainer und jetzige Sportdirektor Ralf Rangnick outen und eine Pause einlegen, oder wenn es zu spät ist und sich hochbegabte Sportler, wie zum Beispiel Fußballtorwart Robert Enke, das Leben nehmen.

Und deshalb ist ein Gegenüber wichtig, mit dem man sich austauschen kann. Freunde, Bekannte, Menschen, bei denen sich auch die Rat holen können, die sonst immer Ratgeber sind.

Bei Klaus Jost war und ist das bis heute immer wieder seine Mutter (84 Jahre), obwohl sie nie studiert hat oder etwas über Betriebswirtschaft weiß. Aber sie kann zuhören, im Herz bewegen, dafür beten und einfach »lieben«. So hat sie ihm Nähe, Kraft, Zuversicht vermittelt und so manchen einfachen guten Rat gegeben. Aber vor allem Gottes Arm für sein Leben bewegt.

Gott selbst ist so ein Gegenüber für Klaus Jost. »Diese Beziehung zu Gott und zu Jesus Christus kann man in Worten nur unzureichend beschreiben«, sagt er. »Denn wenn ich meine Beziehung zu Gott in Worte fasse, dann gilt das für mich und meine Beziehung. Es tut mir gut, und ich weiß von anderen, dass es ihnen auch guttut und wichtig ist. Es ist aber auch eine individuelle Geschichte. Klar ist: Gott liebt jeden Menschen und möchte mit jedem eine Beziehung eingehen. Aber die einzige Möglichkeit, um herauszufinden, ob und wie so eine Beziehung funktioniert, ist: Ausprobieren! Vielleicht einfach mal beten und dann selbst entscheiden, ob es Sinn macht. Für mich macht es großen Sinn.«

Ein weiterer Mehrwert des Gebets ist das oft vergessene Dankgebet. Auch das ist ein Phänomen: Negatives wird leichter zur Sprache gebracht als Positives. Dabei ist an dem alten geistlichen Spruch »Danken schützt vor Wanken. Loben zieht nach oben.« tatsächlich etwas dran.

Es macht Sinn und große Freude, Gott Danke zu sagen. Für all das, was funktioniert. Selbst für das, was scheinbar Stress macht. Ein Haus in Ordnung zu halten zum Beispiel, denn das bedeutet, dass wir ein Dach über dem Kopf haben. Das Auto zum TÜV zu fahren, denn das bedeutet: Wir sind mobil. Es gibt unzählige Dinge, für die Klaus Jost dankbar ist. Und das drückt er aus. Seiner Meinung nach zu selten, aber er arbeitet daran.

Danken und Bitten. In der Reihenfolge. Auch für die aktuelle berufliche Situation. Klaus Jost blickt dankbar zurück auf die jahrelange Zeit als Geschäftsführer und Vorstand in den verschiedenen Firmen und Verbundgruppen. Aber er macht sich auch Gedanken über seine Zukunft. Was mache ich im nächsten Jahrzehnt? Bis er sich zur Ruhe setzen will, sind es noch viele Jahre. Klaus Jost ist stark vernetzt. Gerade in der Mode-, Schuh- und Sportbranche hat er viele gute und anhaltende Beziehungen.

Was mache ich im nächsten Jahrzehnt?

Er ist innerhalb und außerhalb des Familienunternehmens gefragt, sitzt im Aufsichtsrat der AG des führenden deutschen Teamsportanbieters und ist Beiratsvorsitzender der GmbH eines großen Sporthandelsunternehmens.

Weitere Unternehmen geben ihm ein Beratungsmandat. Das sind interessante Aufgaben: Eine Firma, die Vertriebskonzepte und inzentive Programme für Sportfirmen entwickelt. Oder bei dem führenden dänischen Schuh-Unternehmen ECCO war Klaus Josts Handels- und Sportexpertise gefragt.

Viele der Kontakte stammen noch aus seiner Präsidentschaft der internationalen Intersport-Welt. »An Intersport kommst du als Sportartikelhändler oder -lieferant einfach nicht vorbei«, sagt er dazu. »Ich bleibe deshalb stark im Thema, besuche die wichtigen Messen, einfach weil es mich interessiert.« Bei solchen Gelegenheiten trifft er auf langjährige Weggefährten und tauscht sich mit ihnen aus. Als Privatmann und Unternehmensberater.

Klaus Jost hat sich selbstständig gemacht. Er schreibt nun eigene Rechnungen und kann selbst bestimmen, wann und wie er aktiv wird. Das füllt ihn allerdings nur teilweise aus, wenn man es gewohnt war, 70- bis 80-Stunden-Wochen in der Wirtschaftswelt rund um den Globus zu absolvieren – und das aus Überzeugung und mit viel Freude.

Gar nix mehr machen ist blöd, obwohl er es sich leisten könnte. »Ich will schon noch schauen, dass weitere Herausforderungen kommen, denn ich habe große Lust und die Energie dazu, um mitzumischen. Aber nicht mehr um jeden Preis.«

Wäre es eine unvollendete Karriere, wenn jetzt kein verantwortungsvoller Posten mehr kommt? Wie bei einem internationalen Spitzenfußballer, der seinen letzten Verein, in dem er Führungsspieler war, für den er alles gegeben und mit dem er unzählige Erfolge gefeiert hat, ungerechterweise verlassen musste und seitdem vereinslos ist?

Es ist die eine Frage, die es am Ende dieser Lebensphase zu beantworten gilt: Und jetzt?

Erst mal die Last abgeben. Reinigen lassen.

Beten. Zu Gott.

Und dann geht's weiter.

Das Leben spüren. Wach sein. Demütig bleiben.

Dankbarkeit zeigen. Sport treiben. Die Familie pflegen.

Und nie die Hoffnung verlieren.

Denn:

Jost läuft!

ZWISCHEN DEN ZEILEN

»Wir haben einen spannenden Menschen, mit dem wir ein Buch schreiben möchten, und wir können uns gut vorstellen, dass du dieses Buch schreibst.« Der Wortlaut dieser Nachricht vom Verlag ließ mich hellhörig werden. In der Nachricht stand kein Name. Den bekam ich erst beim Telefonat wenig später geliefert.

Klaus Jost.

Na bitte. Da hatte ich meine Gesprächsmöglichkeiten, die ich mir nach dem Seminar gewünscht habe. Der Verlag verabredete ein Abendessen zum Kennenlernen, und Klaus Jost lud uns zu sich nach Hause ein.

Und da saß ich nun. Am Tisch der Familie Jost. Zu Gesicht bekamen wir nur Klaus Jost. Wir sprachen über eventuelle Inhalte und Vorgehensformen.

Klaus Jost wirkte offen und doch etwas zurückhaltend. Er sagte immer wieder, dass es ihm nicht darum geht, ein Buch zu schreiben, nur um ein Buch zu schreiben. Wenn es etwas Interessantes zu erzählen gibt, dann ist er gerne dabei. Wenn nicht, dann nicht. Nach dieser Aussage war ich erst einmal erleichtert. Klaus Jost schien kein Typ zu sein, der den Drang hat, sich zu präsentieren. Sich zu erklären. Die Dinge und vor allem sich selbst ins rechte Licht zu rücken.

Das Abendessen endete ergebnisoffen. Wir vereinbarten, dass Klaus Jost und ich telefonieren und dann entscheiden, ob eine Zusammenarbeit stattfindet oder nicht.

Ich übernachtete in einem Hotel in Heilbronn und fuhr am nächsten Tag nach Hause. Auf der Bahnfahrt in Richtung Heimat habe ich das Gespräch noch einmal reflektiert. Dabei bin ich zu dem Entschluss gekommen, das Buch zu schreiben. Wenn Klaus Jost überhaupt mit mir schreiben wollte.

Er wollte. Und so verabredeten wir uns einige Zeit später zum ersten Gespräch. Es war Hochsommer, diesmal war ich mit dem Auto unterwegs. Ich hatte mir eine Struktur überlegt, wusste aber nicht, ob sie aufgeht. Und es gab immer noch den Zweifel, den Autoren haben, wenn sie mit und über eine andere Person schreiben: Was ist, wenn die Chemie nicht stimmt!?

Was ist, wenn wir nicht gut zusammenarbeiten können? Nun, da Sie das Buch in den Händen halten, wissen Sie schon, dass es geklappt hat.

Davon war ich aber noch nicht überzeugt, als ich an der Tür schellte. Klaus Jost öffnete und bat mich in den unteren Bereich des schicken, aber nicht übermäßig protzigen Hauses. Auch das hatte ich mir im Übrigen anders vorgestellt. Auch hier: Schubladendenken nicht bestätigt.

Dann wurde es erstmals recht locker. Schon vorab hatte Klaus Jost abgefragt, welche Art des Essens ich bevorzugen würde. Späte Brotzeit oder Mittagessen? Ich entschied mich für ein Mittagessen und dachte: Super! Vom Spitzenmanager bekocht werden. Hat was. Doch als ich dann in der Küche der unteren Etage stand, entpuppte sich Klaus Jost doch eher als Küchenlaie.

»Ich habe selten bis nie gekocht«, entschuldigte er sich quasi. Um dann weiterzufragen: »Wissen Sie, was man am Ofen einstellen muss, um eine Tiefkühlpizza zu backen?« Mit vereinten Kräften haben wir die Pizza hinbekommen, aber gegessen habe ich alleine. Das wusste ich allerdings schon vorher: Klaus Jost isst nur am Abend etwas. Sonst nie! Das hat schon zu einigen Irritationen geführt, aber er hält daran fest. Geschmeckt hat die Pizza trotzdem und währenddessen und weit in den Nachmittag und frühen Abend hinein entwickelte sich tatsächlich ein großartiges Gespräch. Über Gott und die Welt. In diesem Fall habe ich tatsächlich recht gehabt. Klaus Jost hat sehr offen erzählt. Über seine Geschichte. Auch über Intersport. Einiges davon lesen Sie in diesem Buch. Anderes nicht, denn es ist nicht für die Öffentlichkeit bestimmt. Aus Rücksicht und Vorsicht. Aber für mich war es wichtig, den Menschen Klaus Jost so gut es geht kennenzulernen. Und das habe ich.

Weitere Gespräche folgten. Mit Mittagessen, das ich alleine zu mir genommen habe. Einmal hat Andrea Jost gekocht. Als mir Klaus Jost das direkt nach meinem Eintreffen erzählt, habe ich den Stolz gespürt, den er empfunden hat. Es ist die Phase, in der sich Andrea Jost wieder zurück ins Leben kämpft. Mit Bravour, Segen und ganz viel Unterstützung. Das Mittagessen schmeckte im Übrigen fantastisch. Das nur nebenbei.

In den Gesprächen habe ich gemerkt, dass Klaus Jost offener geworden ist. Er hat viel erzählt. Über die Gesellschaft, über Politik und über Theologie. Wir haben sogar angefangen zu diskutieren, weil wir in manchen Punkten unterschiedlicher Meinung sind. Das geht hervorragend mit Klaus Jost. Er hat einen festen Standpunkt, lässt aber andere Meinungen stehen. Muss er auch. Gerade in seinem Job ist es wichtig, flexibel zu sein. Weltoffen und bereit, sich gesellschaftlich weiterzuentwickeln.

Klaus Jost ist nicht beliebig.

Ich wünsche jedem von Ihnen, einmal mit Klaus Jost zu Mittag zu essen. Nein, besser zu Abend. Dann isst er mit. Und man hat nicht das Gefühl, alles alleine zu essen. Komisch irgendwie. Ist ja eigentlich nicht schlimm. Aber ich fühle mich doch besser, wenn jemand mit mir isst.

Auf jeden Fall lohnt es sich, Zeit mit diesem Menschen zu verbringen. Zum Glück haben Sie in diesem Buch die Gelegenheit dazu. Das Essen war sowieso nur ein kleiner Teil der Gespräche. Wir haben den Esstisch eigentlich nie verlassen und trotzdem habe ich das Gefühl, gut rumgekommen zu sein. Manchmal ist Klaus Jost aufgestanden und hat etwas geholt. Die alte Familienbilderbibel zum Beispiel. Was für ein Schatz!

Als ich dieses Werk in der Hand und die Geschichte der Familie Jost im Hinterkopf hatte, war ich echt ergriffen. Weil es die Story des Kaufmanns mit ganz normalen, wenn nicht sogar schwierigen Wurzeln atmete.

Ich habe Klaus Jost in der heimischen Küche von damals gesehen. Er blätterte durch die Bibel, während seine Mutter die Geschichte von Mose erzählte und dabei die Suppe umrührte. Ein Privileg.

Manchmal holte er auch sein Tablet (iPad), um alte Zeitungsartikel nachzuschlagen oder Bilder zu zeigen. Ich nahm viel mit aus den Gesprächen und versuchte, diese Eindrücke und Infos an meinem Schreibtisch zu verarbeiten. Das funktionierte gut. Denn neben den Treffen haben wir etliche Telefonate geführt, Texte abgeglichen und vervollständigt. Hier habe ich die Strukturiertheit von Klaus Jost so richtig kennengelernt. Pünktlich auf die Minute lieferte er und auch die Absprachen per Telefon wurden minutiös eingehalten.

»Das ist nichts Besonderes«, würde Klaus Jost wahrscheinlich dazu sagen. Ist es aber doch.

Wir bekamen auch einen Gruß zu Weihnachten, und ich fragte Klaus Jost für ein Interview des Magazins *einsatz* an. Diese Zeitschrift gehört zu der christlichen Non-Profit-Sportorganisation SRS e. V. (Sportler ruft Sportler), bei deren Kongress ich von Klaus Jost erstmals hörte. Auch das gewährte er anstandslos und so führten wir auch hier ein Gespräch, diesmal über das Thema Doping.

Im Frühjahr 2017, ein Jahr vor Erscheinen des Buchs, habe ich Klaus Jost dann zu einem seiner Lieblingsorte begleitet. Wir wollten dort weiterquatschen und außerdem einige Fotos für das Buch machen. Erst standen mehrere Orte zur Auswahl, aber schnell kristallisierte sich *der* Ort des Klaus Jost heraus: Die Fotografin Lea Barnowsky und ich fuhren nach Thüringen, zum Rennsteiglauf. Klaus Jost wollte dort mitlaufen und erstmals lief eines seiner Kinder, sein Sohn Gabriel, mit.

Auch die Absprache für diese Unternehmung lief wie am Schnürchen. Nach mehreren Telefonaten bekam ich einen Eindruck davon, wie sehr die Gegend im Ausnahmezustand sein musste, wenn hier alljährlich 15 000 Läuferinnen und Läufer einfallen und das Gebiet in Besitz nehmen. Eindringliche Warnungen von Klaus Josts Seite, dass wir doch besser einen Tag eher anreisen sollten, damit wir auch die besprochenen Bilder vom Zieleinlauf bekommen, blieben zwar nicht ungehört, konnten von mir aber auch nicht beherzigt werden, da andere Termine nur die Anreise am Vormittag des Laufes selber zuließen.

Also machten wir uns am frühen Morgen des 20. Mai auf den Weg in Richtung Rennsteig. Je näher wir dem Renngeschehen kamen, desto mehr ärgerte ich mich, dass ich nicht doch versucht hatte, mir den Abend vorher freizuschaufeln. Viele Straßensperren ließen uns Schlimmes erahnen. Aber an dieser Stelle habe ich Klaus Jost erstmals beeindruckt. Denn dank Presseakkreditierung und unverschämtem Glück standen wir früh genug mit unserem Auto ganz nah am Zieleinlauf und konnten selbstbewusst vermelden: Wir sind da! Wo bist du? Klaus Jost kam uns in Laufmontur und mit Sporttasche bepackt entgegen. Wir schossen tolle Fotos und bekamen eine inoffizielle Führung über das ganze Gelände.

Und bei dieser Führung habe ich Klaus Jost wieder von einer ganz anderen Seite kennengelernt. Er schien völlig mit sich im Reinen, war glücklich, den Lauf trotz Knieproblemen überstanden zu haben, und war stolz, dass sein Sohn an seiner Seite war. Mit großer Freude drängte er sich durch die Menschenmassen, um an der Tafel sein Laufergebnis zu begutachten. Er lotste uns ins VIP-Zelt, um uns gleich darauf ein Gründungsmitglied des Laufs vorzustellen.

Weiter geht's ins Verkaufszelt, in dem uns Klaus Jost mit vollem Einsatz die Preisstruktur erläutert, um gleich darauf mit den ihm noch bekannten Händlern zu fachsimpeln. Die Medaille hängt er sich extra für ein Foto um den Hals. Und an fast jeder Ecke hieß es: »Hallo, Herr Jost!« oder »Mensch, Klaus«. Er passt einfach unfassbar gut in dieses Setting. Hier bewegt er sich unter Gleichgesinnten.

Die Atmosphäre des Rennens ist wirklich einzigartig. Tolle Umgebung, Spitzensport und eine gewisse Leichtigkeit, die selbst dann noch vorhält, wenn die Läuferinnen und Läufer des Ultramarathons gerade erst ins Ziel gekommen sind. Nach dem Rennen begleiten wir Klaus Jost und seinen Sohn noch ins Hotel. Wir wollen noch ein Fotoshooting anschließen. Im Hotel wartet Andrea Jost auf die beiden. Sie begleitet ihren Mann wieder öfter. Die gemeinsame Zeit genießen beide sehr. Viel zu lange hat sie auf ihren Mann verzichten müssen. Nun nimmt er sie mit. Nachdem wir uns verabschiedet haben, reisen wir zurück. Im Gepäck haben wir tolle Fotos und wichtige Eindrücke. Klaus Jost, seine Frau und sein Sohn bleiben noch bis zum nächsten Tag im Hotel. Er hat mehr Zeit für seine Familie als früher. Und er nutzt sie gut.

Nach dieser Begegnung folgt eine Phase der Telefonupdates. Vermutlich bringe ich Klaus Jost des Öfteren zur Verzweiflung, weil ich gefühlte hundert Mal nach den Strukturen und Begriffen von Genossenschaften, Verbundgruppen und Co. gefragt habe. Mit einer Engelsgeduld erklärt er mir die Fachbegriffe. Jederzeit ist er bereit, eine Extraschicht einzuschieben. Das kommt mir entgegen. Ich arbeite auch gegen jede feste Struktur der Arbeitszeiten.

Ein Telefonat mit Klaus Jost ist mir besonders in Erinnerung geblieben. Wir waren an einem Samstagnachmittag um 17 Uhr verabredet. Ich kam gerade von einem Seminar aus Essen zurück und war noch im Auto unterwegs. Um nicht gegen die Verkehrsregeln zu verstoßen, habe ich auf einem Parkplatz in Gelsenkirchen angehalten, meinen Laptop ausgeklappt und dann haben wir telefoniert. Klar, wir haben auch über das Buch geredet. Und über die Wirtschaft, über die Doppelmoral und über Nachhaltigkeit. Aber die wirklich relevante Info war eine ganz andere.

Klaus und Andrea Jost haben während eines Herbstspazierganges Maronen gesammelt. Schon des Öfteren ist Klaus Jost an den Früchten vorbeigejoggt. Dann hat er sich über die Maronen informiert und erfahren, dass man aus ihnen wunderbare Gerichte zaubern kann. Deshalb hat er gemeinsam mit seiner Frau die Maronen gesammelt und am Telefon begeistert erzählt, dass er, sobald er den Hörer aufgelegt hat, nicht nur die erste Maronensuppe seines Lebens essen, sondern auch selbst zubereiten würde. Die Begeisterung war durch das Telefon zu hören.

Und damit schließt sich der Kreis für mich. Klaus Jost ist ein großartiger Kaufmann. Mit Schwächen und Stärken. Es ist nicht einfach, in diese Sphären des Managements vorzustoßen, in die er es geschafft hat, und es ist noch viel schwerer, mit solch einer Degradierung fertigzuwerden. Es ist nicht einfach, mit so einer großen Verantwortung umzugehen, und es ist noch viel schwerer, nicht durchzudrehen, wenn diese Verantwortung von einem auf den anderen Moment nicht mehr da ist. Aber die wirklich große Lebensleistung, das Lebenselixier, welches ich Klaus Jost zuschreibe, ist sein Vertrauen in Gott und die Dankbarkeit über die kleinen Dinge des Lebens.

Er hat gelernt, groß zu denken, ohne den Blick für das Detail und die Kleinigkeiten zu verlieren. Er kann die kleinen Dinge wertschätzen. Eine Kunst, die in jeglicher Schicht der Gesellschaft erstrebenswert ist und ebenso oft fehlt.

Deshalb steht am Ende eine Kleinigkeit: die Maronen. Denn damit hat Klaus Jost wieder einmal unter Beweis gestellt, wie sehr er Dinge weiterentwickeln kann. Aus achtlos herumliegenden Naturprodukten kann etwas sehr Leckeres entstehen. Eine Feinschmeckersuppe. Das Rezept dafür hat Klaus Jost nicht erfunden.

Die Maronen selbst auch nicht. Aber er hat einen Blick riskiert, das Potenzial erkannt und tatkräftig bei der Umsetzung geholfen. Und sich selbst weitergebildet. Denn wer noch vor ein paar Monaten nicht in der Lage war, eine Tiefkühlpizza zuzubereiten, und mittlerweile eine Maronensuppe kocht, der hat einiges richtig gemacht.

Das macht einen erfolgreichen Geschäftsmann aus. Und einen tollen Menschen.

Er hat mir damals Bilder von den Maronen und der Suppe geschickt. Die Mail hatte den Betreff »So schön ist unsere Natur«.

Ergänzen kann man ganz im Sinne von Klaus Jost:

Dank unseres Schöpfers.

Randnotizen:
Ich weiß: Auf meinen Vater ist immer
Verlass

Klaus Jost ist ein Familienmensch. Wobei das Wort bei ihm etwas anders gefüllt werden muss als normalerweise.

Jahrzehntelang hat er die Geburtstage der Kinder nur per Telefon mitbekommen, schlechte und gute Schulnoten musste Andrea Jost meistens alleine unterschreiben. Das lag an seinem Job. Gerade in der Zeit, als die Kinder klein waren, feierte er die größten Erfolge. Und wie ist er damit umgegangen? Hat er sich entscheiden müssen zwischen Karriere oder Familie?

Darüber redet er diesmal nicht selbst, sondern diese Fragen beantworten zwei seiner Familienmitglieder. Wie haben die Klaus Jost erlebt? Nicht als Geschäftspartner, sondern als Ehepartner. Nicht als Kollege, sondern als Tochter.

Seine Frau Andrea und seine älteste Tochter Deborah gewähren ganz besondere und offene Einblicke in das Leben von Klaus Jost.

Und: Sie haben das letzte Wort des Buches. Das ist auch ein Statement.

– Welches Erlebnis fällt Ihnen sofort ein, wenn Sie an Ihren Mann/Vater denken?

Andrea Jost:

Mein Mann sprach an einem Muttertags-Sonntag als Moderator des Gottesdienstes einen Gruß der Ehre an alle Frauen aus, bevor er Eis und Rosen verteilte. Am Ende des Grußes wurde er persönlich und sagte mit einem Augenzwinkern:

»Andrea, Mutter meiner Kinder, stur wie tausend Rinder.«

Das haben nicht alle so humorvoll aufgenommen und es gab natürlich, vor allem unter einigen älteren anwesenden Frauen, etwas Unverständnis, aber es stimmte. Ich habe mich köstlich amüsiert und wir müssen noch heute oft darüber lachen. Besonders an Muttertagen.

Und grundsätzlich fällt mir ein, dass Klaus uns von überall auf der Welt angerufen hat. Immer, wenn er unterwegs war, ließ er von sich hören. Er hat sich immer um uns gesorgt.

Deborah Borzer:

Mir fällt sofort eine Autofahrt in Frankreich ein. Wir fuhren vom Urlaubsort meiner Eltern zum Krankenhaus, in dem meine Mutter nach ihrem Schlaganfall lag. Mein Vater war gar nicht dabei, als es passiert ist, sondern er ist erst am Tag danach angereist und ich habe ihn noch nie so hilflos und verletzlich gesehen wie an diesem Morgen.

Ich denke aber auch an ein positives Erlebnis: Bei meinem Vorstellungsgespräch bei Puma wurde ich spontan nach meinem Vorbild gefragt, und ohne darüber nachzudenken, platzte es aus mir heraus: mein Vater.

Bestätigt wurde ich in meiner Überzeugung, als mein Vater mich in meinem Brautkleid sah, das war an der Ostsee. Er sah mich so liebevoll und stolz an, dass ich mir sicher war: Auf ihn ist immer Verlass!

– Welchen Einfluss hatte der Job Ihres Mannes/Vaters Ihrer Meinung nach auf das Familienleben/die Beziehung?
Andrea Jost:
Er fehlte im alltäglichen Familienleben und für die Schulerziehung der Kinder. Er war z. B. fast nie auf einem Elternabend mit dabei. Das ist ein Opfer, das ich für den Beruf meines Mannes bringen musste. Ihm ist es aber auch nicht leichtgefallen, mich mit den Kindern so oft alleine lassen zu müssen.

Natürlich hat Klaus immer mit mir über seine Aufgaben und Herausforderungen gesprochen, auch gelegentlich um Beistand gebeten. Ich wusste vieles, auch wenn ich kein wirtschaftlicher Ratgeber war. Für eine gute Beziehung ist es wichtig, die Herausforderungen und Themen des Partners zu kennen.

Deborah Borzer:
Der Job meines Vaters hatte für uns Kinder und für die ganze Familie positive und negative Aspekte.

Ich war immer sehr stolz darauf, dass mein Vater der Chef von großen Firmen war und immer eine besondere Rolle spielte.

Und seine besondere Stellung ermöglichte mir viele tolle Chancen: Auslandsaufenthalte, verschiedene Praktika, das Miterleben von großen sportlichen Events, und nicht zuletzt bekam ich so die Chance, bei Adidas und Puma arbeiten zu dürfen!

Dafür hatte er aber auch oft wenig Zeit für uns und war nur selten an Kindergeburtstagen, irgendwelchen Auftritten oder zum Abendessen da. Wir kannten es im Grunde nicht anders und ich habe mich eigentlich sehr schnell damit abgefunden. Vielleicht fiel es mir etwas leichter als dem ein oder anderen meiner Geschwister. Bei den wichtigen Ereignissen meines Lebens, wie beim Bachelorball oder meiner Hochzeit, war er allerdings immer da!

– Was schätzen Sie besonders an Ihrem Vater/Mann?
Andrea Jost:
Mein Mann war immer sehr fürsorglich zu mir und ganz besonders nach meinem Schlaganfall und dem Krebsleiden.

Klaus erträgt den Verlust seiner Verantwortung und Führungsrolle in der Geschäftswelt viel besser, als ich dachte. Nach seiner ungerechten Kündigung bei Intersport verbringt er heute sehr viel Zeit mit mir, begleitet und stärkt mich, wo immer es geht.

Deborah Borzer:
Kurz und klar: Seine Loyalität, seine Geduld und seine Treue.

– Inwiefern hat sich das Verhältnis zu Ihrem Vater mit Ihrem Erwachsenwerden verändert?
Deborah Borzer:
Seitdem ich selbst Kinder habe, verstehe ich ihn viel besser als noch vor vielen Jahren. Ich kann bestimmte Dinge viel besser nachvollziehen, wieso er mir manches verboten hat, sich öfter Gedanken machte und nur mein Bestes wollte.

Ansonsten hat sich gar nicht so viel verändert. Für meinen Vater bin ich noch immer seine »kleine« Tochter. Er ruft fast täglich an, gibt mir gerne Ratschläge und sorgt sich genauso um mich wie damals.

– Was wünschen Sie sich für die Zukunft für Ihren Mann und für sich?
Andrea Jost:
Ich wünsche meinem Mann eine neue verantwortungsvolle Aufgabe, die ihn ausfüllt. Trotzdem hoffe ich, dass er immer genügend Zeit für mich findet und unsere gemeinsame Zeit als Geschenk von Gott zu schätzen weiß.

Klaus Josts Konfirmationsspruch ist ein wunderbarer Begleiter:

Von allen Seiten umgibst du mich und hältst Deine Hand über mir. (Psalm 139,5; Lutherbibel)

EIN DANKE ZUM SCHLUSS

Ich habe in meinem Leben schon ganz viele tolle, wertvolle und spannende Persönlichkeiten kennenlernen dürfen.

Top-Sportler, Spitzenpolitiker, weltweite Wirtschaftsführer, super Künstler und einfach beeindruckende Menschen.

Doch die wichtigste Person in meinem Leben lernte ich bereits mit 16 Jahren im August 1977 in Weyregg am Attersee (Österreich) kennen und auch damals schon lieben:

Andrea (ehemals Grassmann und jetzt Jost)!

Die Aussage, dass hinter einem starken Mann eine noch stärkere Frau steht, ist zwar alt und manchmal auch nur rhetorisch gemeint, aber für meinen Lebensweg voll zutreffend.

Andrea hat in meinem Berufs- und Gemeindeleben von Anfang an alles mitgestaltet, mitgemacht und vor allem mit durchlebt.

Sie war und ist, auch mit schweren Krankheiten konfrontiert, der große Halt, Ruhepol und Mittelpunkt unserer nun richtig großen Familie – mit ganz viel Herz, Gefühl und Verstand für das, worauf es wirklich im Leben ankommt. – Danke!

In diesem Jahr sind wir seit 33 Jahren »meist glücklich« verheiratet, haben fünf wunderbare Kinder und die Zahl der Enkelkinder steigert sich zunehmend – einfach toll.

Ohne Andrea könnte ich weder das Buch schreiben noch hätte ich so viele unvorstellbar schöne Momente und Erlebnisse geschenkt bekommen.

Danke, dass du alle meine Wege trotz vieler Strapazen immer mitgegangen bist, dass ich mit dir alles teilen kann und du mich so liebst, wie ich bin!

Sie ist mein ganz persönliches Wunder und Grund, unserem großen Gott für immer dankbar zu sein.

Klaus Jost im Herbst 2017

ANMERKUNGEN

1 https://www.welt.de/wirtschaft/article133956232/Degradierter-Vorstand-verlaesst-Intersport-im-Streit.html/(zuletzt aufgerufen am 13.11.2017).

2 http://www.sueddeutsche.de/wirtschaft/intersport-chef-klaus-jost-gott-und-die-welt-1595539 (zuletzt aufgerufen am 13.11.2017).

3 http://printarchiv.absatzwirtschaft.de/content/_p=1004692&an=079301009 (zuletzt aufgerufen am 13.11.2017).

4 http://etailment.de/news/stories/Intersport-trennt-sich-von-Klaus-Jost-15906 (zuletzt aufgerufen am 13.11.2017).

5 https://www.andreasbutz.com/interviews/klaus-jost.html (zuletzt aufgerufen am 13.11.2017).

6 http://etailment.de/news/stories/Intersport-trennt-sich-von-Klaus-Jost-15906 (zuletzt aufgerufen am 13.11.2017).

7 https://www.intersport.de/archiv/ (zuletzt aufgerufen am 13.11.2017).

8 https://www.sazsport.de/handel/intersport/intersport-deutsch-land-baut-fuehrung-um-jost-1178712.html (zuletzt aufgerufen am 13.11.2017).

9 http://www.sueddeutsche.de/wirtschaft/fuehrungskrise-macht-kampf-bei-intersport-eskaliert-12201076 (zuletzt aufgerufen am 13.11.2017).

10 Matthäus 8, 24-26 (Neues Leben Bibel)

11 https://www.intersport.de/nachhaltigkeit/ (zuletzt aufgerufen am 13.11.2017).

12 https://www.zukunftsinstitut.de/artikel/sportivity/ (zuletzt aufgerufen am 13.11.2017).

13 Alfred »Adi« Preißler, deutscher Fußballspieler beim BVB und Trainer aus Duisburg.

14 https://www.welt.de/sport/fussball/article169236808/Weltmeister-Pique-weint-nach-Barcas-Geisterspiel.html (zuletzt aufgerufen am 13.11.2017).

15 https://www.welt.de/sport/article169663580/Der-Beige-schmack-von-Herthas-gut-gemeintem-Kniefall.html (zuletzt aufgerufen am 13.11.2017).

16 Sportivity, S. 8, Mai 2014, Verena Muntschick, Anja Kierig, Thomas Huber.

17 Sportivity, S. 9, Mai 2014, Verena Muntschick, Anja Kierig, Thomas Huber.

18 https://www.andreasbutz.com/interviews/klaus-jost.html (zuletzt auf-
    gerufen am 13.11.2017).
19 https://www.umsetzungsberatung.de/lexikon/professionalitaet.php
    (zuletzt aufgerufen am 13.11.2017).
20 Hebräer 11,1 (Lutherbibel 2017).

BILDNACHWEIS

Seiten 1, 2, 3 unten, 4 oben, 6, 7 unten: privat

Seite 3 oben: Winfried Borgmann, erschienen in der WZ vom 29.6.2013

Seiten 4 unten, 5, 7 oben: Peter F. Thürl

Seite 8: Lea Barnowsky

Trotz sorgfältiger Recherche konnten nicht alle Rechteinhaber der im Bildteil abgedruckten Bilder zweifelsfrei ausfindig gemacht werden. Wir bitten Sie, sich gegebenenfalls mit dem Verlag in Verbindung zu setzen.

Jack Barsky, Cindy Coloma

Der falsche Amerikaner
Ein Doppelleben als deutscher
KGB-Spion in den USA

Gebunden, 13,5 x 21,5 cm, 424 Seiten
Nr. 395.826, ISBN 978-3-7751-5826-8
Auch als E-Book

1978 beginnt ein junger, ehrgeiziger Agent aus der DDR ein neues
Leben in den USA. Sein neuer Name: Jack Barsky. Ein Jahrzehnt
lang führte er unentdeckt zahlreiche Geheimoperationen aus, bis
sich seine Loyalität auf überraschende Weise änderte und alles in
Frage stellte, an das er geglaubt hatte. »Der falsche Amerikaner«
enthüllt die Geheimnisse eines Mannes ohne Heimatland und
erzählt eine Geschichte voller herzzerreißender Entscheidungen,
schockierendem Verrat und von einem Doppelleben, das Barsky
jahrelang führte.

Bitte fragen Sie in Ihrer Buchhandlung nach diesem Buch!
Oder schreiben Sie an: SCM Hänssler, D-71087 Holzgerlingen;
E-Mail: info@scm-haenssler.de; Internet: www.scm-haensslerde

Alexander Urumov

Der Unsterbliche
Morden für Mohammed,
leben für Christus

Gebunden, 13,5 x 21,5 cm, 280 Seiten
Nr. 395.771, ISBN 978-3-7751-5771-1
Auch als E-Book [e]

Eine unglaubliche Lebensgeschichte: Ali Dini tötet als radikaler
Islamist im Namen Allahs. Als er sich vom Islam lossagt, ent-
kommt er der Rache seiner ehemaligen muslimischen Kamera-
den nur haarscharf. Als Drogendealer, Anführer von kriminellen
Gangs und Auftragskiller bleibt er in Osteuropa lange unbehelligt.
Aber dann wird Ali, der Unsterbliche, gefasst, zu 20 Jahren Ge-
fängnis verurteilt. Dort kommt er zum Glauben an Jesus Christus
und arbeitet heute als Pastor in Sofia. Packend erzählt!

Bitte fragen Sie in Ihrer Buchhandlung nach diesem Buch!
Oder schreiben Sie an: SCM Hänssler, D-71087 Holzgerlingen;
E-Mail: info@scm-haenssler.de; Internet: www.scm-haensslerde